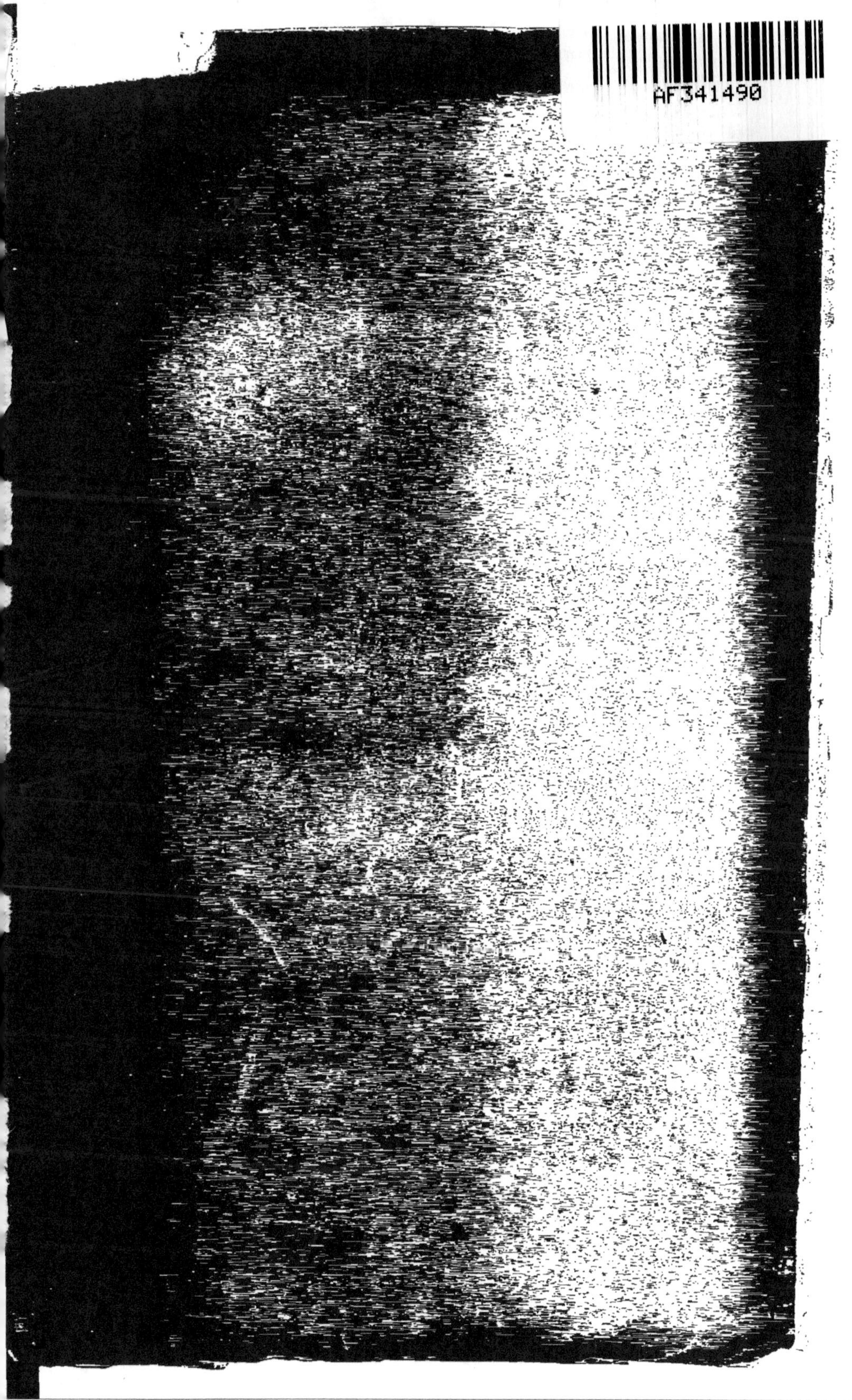

VOYAGE

AU

PAYS DES BÊTES

VOYAGE

AU

PAYS DES BÊTES

SCÈNES FAMILIÈRES

D'HISTOIRE NATURELLE

PAR

P. DOURY.

PREMIÈRE PARTIE

DEUXIÈME ÉDITION.

PARIS

LIBRAIRIE AMBROISE BRAY

BRAY ET RETAUX, SUCCESSEURS,

RUE BONAPARTE, 82.

1870

PRÉFACE

Je n'ai pas, je pense, besoin d'avertir que ce petit livre n'a aucune prétention scientifique. Dans les détails d'histoire naturelle qu'il renferme, je me suis efforcé d'être aussi exact que possible. Mais lors même qu'il s'y serait glissé quelques erreurs à mon insu, le mal, ce me semble, ne serait pas bien grand ; ce que je me suis proposé, ce n'est point d'enseigner l'histoire naturelle aux enfants, mais de leur en inspirer le goût. Je ne donne point de leçons ; je cherche à amuser et à intéresser. Mon ambition n'en est peut-être pas moins grande pour cela.

J'ai mis un soin égal à éviter le ton du professeur et celui du savant. Le procédé dogmatique qui leur est habituel ne me siérait à aucun égard; j'ajoute qu'il n'est guère de mon goût. Je crois, d'ailleurs, que pour s'emparer des esprits et les conduire où l'on veut, l'insinuation est un moyen plus efficace que l'autorité. L'homme veut être apprivoisé, non dompté. Il est ainsi fait que, si l'on paraît vouloir lui imposer quelque chose, il se met d'abord en garde. Son premier mouvement, dans ce cas, est toujours de résister. L'enfant, plus près de la nature, moins dégagé de ses impressions par l'expérience et la réflexion, éprouve cet instinct plus fortement encore que l'homme. Le savant a, en outre, un langage à part, un système, des classifications, toutes choses nécessaires sans doute, mais qui répugnent singulièrement aux enfants. L'histoire naturelle par la poésie dont elle abonde, par les faits merveilleux qu'elle décrit, par les mystères même qu'elle découvre sans pouvoir les expliquer, semble faite tout exprès pour exciter leur intérêt et piquer leur curiosité. Comment donc se fait-il qu'elle leur inspire, en général, si peu de goût? Je pense qu'on doit en chercher la cause précisément dans cet appareil scientifique qui l'accompagne toujours dans les livres, et qui donne à une science tout aimable et toute gracieuse je ne sais quel air sauvage et renfrogné.

En la dépouillant de ce masque pédantesque, j'ai voulu la présenter à mes petits lecteurs sous sa vraie figure, persuadé que c'était un moyen sûr de la leur faire aimer. Si je n'ai pas réussi, je ne m'en prendrai ni à l'histoire naturelle qui est assurément la plus attrayante des sciences, ni à mon idée, que je crois, au fond, excellente, mais au peu d'habileté que j'aurai déployé dans l'exécution de mon dessein.

N'ayant, dans ce petit livre, nulle prétention à l'originalité, ni pour le fond ni pour la forme, je n'ai point de peine à déclarer que je l'ai composé en glanant un peu partout, et que, quand j'ai trouvé dans un auteur, une expression, une phrase, une idée qui m'ont convenu, je ne me suis fait aucun scrupule de m'en emparer.

VOYAGE

AU

PAYS DES BÊTES

I

Le général Derville, après avoir servi glorieusement son pays en Afrique et en Crimée, avait pris sa retraite, résolu à se consacrer désormais tout entier à sa femme et à ses enfants. Mais le repos absolu est bien difficile à supporter pour un homme qui a toujours mené une vie active. Le général se lança dans des spéculations qui, en apparence, devaient en peu de temps doubler sa fortune. Ce n'était point l'amour du gain qui le poussait dans ces entreprises hasardeuses, mais bien le besoin d'occuper ses loisirs et de trouver un aliment à son activité. Il jouissait d'une fortune honorable, et, d'ailleurs, il avait contracté dans les camps des goûts de simplicité et d'ordre qui lui eussent fait trouver l'aisance, même dans la médiocrité.

Depuis quelques jours, Mme Derville avait observé qu'un grand changement était survenu tout d'un coup dans le caractère et les manières de son mari. Il était sombre et préoccupé; lui, qui auparavant se plaisait tant au milieu de sa famille, ne paraissait qu'aux heures des repas et, à peine étaient-ils terminés, il se retirait dans sa chambre pour n'en plus sortir. La tendresse de Mme Derville fut vivement alarmée, et, un jour qu'il avait paru plus soucieux encore qu'à l'ordinaire, elle résolut de l'interroger.

Elle alla le trouver dans sa chambre :

— Mon ami, lui dit-elle, depuis plusieurs jours, une profonde tristesse s'est emparée de vous; je veux en connaître la cause. Je suis votre femme, et j'ai le droit de partager vos peines, si vous en avez. Je croirais que vous m'estimez bien peu si, réservant les chagrins pour vous seul, vous pensiez devoir ne m'associer qu'aux agréments de votre existence. Ouvrez-moi votre cœur, je vous en prie, et faites-moi connaître le secret qui vous tourmente.

Le général fut vivement ému des paroles de sa femme.

— Ma chère amie, lui dit-il, je n'ai pas un seul

instant douté de votre tendresse et de votre courage.
Si je ne vous ai pas parlé plus tôt de l'évènement
qui cause cette tristesse que votre tendresse a re-
marquée, c'est que jusqu'à présent j'ai cru pouvoir
la réparer et que je ne voulais pas vous causer des
inquiétudes qui pouvaient être sans objet. Mais aujourd'hui je n'ai plus de motifs de garder le silence.
Apprenez donc que les spéculations auxquelles je
me suis livré ont mal réussi, et que nous avons
perdu une partie considérable de notre fortune. Ce
malheur va nous obliger à quitter Paris et à nous
retirer à la campagne, vous avez joui jusqu'à ce jour
de toutes les ressources, de tous les plaisirs qu'offre
une grande ville. Comment pourrez-vous vous ha-
bituer à la vie monotone que l'on mène à la campagne ? Vous avez à Paris des amis, des connaissances, une famille dont il va falloir vous séparer.
Je ne puis supporter l'idée des privations que vous
allez être obligée de vous imposer, et c'est là, ma
tendre amie, la cause principale de la tristesse où
vous me voyez plongé.

— Je craignais, je l'avoue, répondit Mme Derville,
un plus grand malheur, et vous me voyez soulagée
d'un grand poids. Une perte d'argent peut toujours
se réparer. Pour les plaisirs dont vous parlez,
vous me jugez mal, si vous pensez que la privation
puisse m'en être si sensible. Ils ne seront pas même,

de ma part, l'objet d'un regret. Sans doute, je ne me séparerai pas de ma famille et de mes amis sans chagrin ; mais j'aurai auprès de moi mon mari et mes enfants, et leur présence me consolera de tout. Bannissez donc le chagrin qui vous ronge depuis quelques jours, et prenez une meilleure idée de la raison et du courage de votre femme.

La fermeté de Mme Derville, la façon insoucieuse et presque gaie dont elle parla du malheur qui les avait frappés et de son exil à la campagne releva l'âme abattue du général. L'avenir lui apparut sous des couleurs moins sombres. Mme Derville parvint même à lui démontrer que l'évènement dont ils étaient victimes n'était point sans compensation.

— C'est l'impatience du repos, lui dit-elle, qui vous a poussé dans des entreprises pour lesquelles vous n'étiez point fait et dont vous ne connaissiez point les difficultés. Vous trouverez dans les travaux de la campagne un digne emploi de votre activité. Les militaires y réussissent presque toujours ; car ils ont, en général, toutes les qualités qui sont les conditions essentielles du succès : l'esprit d'ordre et de discipline, l'amour de la règle et la patience. Vous avez, en outre, l'éducation de vos enfants à faire. Ancien élève de l'école polytechnique, vous êtes parfaitement en état de leur faire parcourir le cercle entier des études. Si nous étions restés à

Paris, la vie agitée qu'on y mène et la dissipation du temps qui en est la conséquence nous auraient forcés de nous en séparer et de les mettre au collége. Je vous avoue que cette obligation m'eût été bien pénible, et que je remercie presque le ciel du malheur qui m'en affranchit.

Ce fut par ces paroles et par d'autres semblables que Mme Derville parvint à consoler son mari. Il reprit bientôt sa gaieté accoutumée et se mit avec ardeur à régler ses affaires pour être prêt à partir au premier jour. Mme Derville, de son côté, fit ses préparatifs, si bien qu'au bout de quinze jours ils purent quitter Paris. Ils possédaient dans les Pyrénées une terre agréablement située, et qui, sans être très-considérable, avait pourtant une certaine étendue. Elle portait le nom de Coarraz et formait une des plus jolies propriétés de la vallée de... C'est là que M. et Mme Derville avaient résolu de se rendre et de fixer leur séjour. Ce fut donc par le chemin de fer d'Orléans qu'ils effectuèrent leur voyage. Toutes les nouveautés plaisent aux enfants ; je laisse à penser si ceux de M. et Mme Derville furent contents de ce changement qui devait en amener tant d'autres dans leur existence. Ils étaient quatre, deux garçons et deux filles. L'aîné était un garçon et s'appelait Léon, comme son père. Il avait douze ans. Après lui, venait une fille, Marie, âgée de dix ans; puis une seconde fille, Camille, qui avait neuf ans. Enfin, le petit Jules, qui avait sept ans, était le dernier de tous.

Le voyage fut une vraie fête; tout ce qu'ils voyaient était nouveau pour eux et excitait leur intérêt. Ils ne cessaient d'adresser à leurs parents questions sur questions, et ceux-ci, qui ne laissaient jamais échapper une occasion de les instruire, ne se lassaient point de satisfaire leur curiosité.

Léon qui, en raison de son âge, prenait encore plus d'intérêt que les autres à tout ce qu'il voyait et qui, penché sur la portière du wagon malgré les recommandations répétées de ses parents, voyait tout, s'écria tout à coup:

— Papa! Papa! regarde donc cette haute tour: sais-tu comment elle s'appelle?

— Oui, dit M. Derville; et tu le saurais toi-même si tu étais plus réfléchi et si tu faisais plus d'attention à ce que l'on te fait apprendre; il n'y a pas longtemps, je t'ai entendu réciter un passage de Boileau où il est question de cette tour.

— Oh! à présent, papa, dit le petit garçon, je sais ce que tu veux dire, c'est la tour de Montlhéry, et je t'assure que je n'ai pas oublié les vers de Boileau.

Et, pour montrer qu'il ne se vantait pas, il se mit à réciter le morceau auquel son père avait fait allusion.

La nuit. . . . .
. . . . hâtant son retour,
Déjà de Montlhéry voit la fameuse tour.
Ses murs dont le sommet se dérobe à la vue
Sur la cime d'un roc s'allongent dans la nue
Et, présentant de loin leur objet ennuyeux,
Du passant qui le fuit semblent suivre les yeux.
Mille oiseaux effrayants, mille corbeaux funèbres,
De ces murs désertés habitent les ténèbres.

— Je trouve, ajouta Léon, la description de Boileau très-exacte; seulement, pourquoi, dit-il, que c'est un objet ennuyeux? Pour moi, je ne le trouve pas ennuyeux du tout.

— Je le crois, répondit M. Derville : nous sommes en chemin de fer, et la rapidité avec laquelle nous avançons, tout en te permettant de jouir de l'agréable effet que cette tour jette dans le paysage, ne te laissera pas le temps d'un sentir l'ennui. Mais suppose que tu traverses le pays à pied, ou même à cheval, tu l'auras sous les yeux pendant toute une journée, peut-être plus longtemps; ta vue en sera importunée et tu reconnaîtras alors la justesse de l'expression que tu viens de critiquer.

— Ce que tu dis, papa, répondit Léon, est très-vrai, et je le comprends bien. Il m'est souvent arrivé de me dégoûter, au bout d'une journée ou deux, des plaisirs qui m'avaient paru d'abord les plus agréables et dont je croyais ne me lasser jamais.

— Ta sœur Marie que voici, dit M. Derville, pourrait, je crois, faire une confession semblable. Te rappelles-tu la poupée que votre maman lui avait achetée pour le jour de sa fête? C'était une poupée bien jolie; elle ouvrait et fermait les yeux, comme une personne naturelle; elle disait papa et maman d'une voix distincte et intelligible, quoiqu'un peu enrouée. Marie en était si enchantée qu'elle ne voulait pas s'en séparer, même pour un moment, et que la nuit il fallait la coucher auprès d'elle. Eh bien, au bout de quelques jours à peine, la merveilleuse poupée fut négligée; elle dormait au hasard, oubliée dans quelque coin. Elle fut si mal soignée par sa petite maman qu'elle perdit d'abord un de ses yeux, puis le second, et que sa voix devint un son rauque et discordant auquel personne ne pouvait rien comprendre.

— Ah! papa, dit Marie en rougissant, je t'assure que je suis bien fâchée d'avoir laissé gâter cette jolie poupée, et, si maman m'en donne une autre, tu verras comme j'en prendrai grand soin.

— Oh! moi, dit Léon, je suis sûr que ta nouvelle poupée perdrait au bout de quelques jours ses deux yeux, comme la première.

— Tu es très-méchant, Léon, répliqua Marie; d'autant plus que, toi-même, tu n'es pas déjà si soigneux. Papa t'a donné le jour de l'an un très-beau la Fontaine avec des images. Eh bien, il est déjà tout plein de taches d'encre, et, comme tu as voulu colorier les figures, tu l'as fait avec tant de talent qu'il est impossible de reconnaître ce qu'elles représentent. Un loup y ressemble à une chèvre, et un âne à un bœuf.

— Allons, allons, dit Mme Derville en riant, je vois mes enfants qu'en fait de soin vous n'avez rien à vous reprocher. Ainsi cessez cette dispute où, à ce que je puis voir, vous n'avez rien à gagner ni l'un ni l'autre. Il vaut mieux que Léon nous raconte l'histoire de la tour de Montlhéry, s'il la sait; je ne demande pas toute l'histoire qui serait fort longue; cette tâche d'ailleurs serait sans doute bien au-dessus de la science de Léon. Je me contenterai de quelques-uns des faits dans lesquels la tour de Montlhéry a joué un rôle. En connais-tu, Léon, et peux-tu me satisfaire sur ce point?

— Oui, maman, répondit Léon, je me rappelle qu'il est question de la tour de Montlhéry dans l'histoire du règne de saint Louis. Louis VIII, en mourant, avait laissé la régence à sa femme, Blanche de Castille. Les seigneurs, mécontents de cette disposition de son testament, se révoltèrent, et leur ligue fut appuyée par le roi d'Angleterre. Blanche et son fils Louis IX, revenant d'Orléans à Paris, furent attaqués par les confédérés et faillirent être pris. Ils n'eurent que le temps de se réfugier dans la tour de Montlhéry. Lorsque les Parisiens apprirent que leur petit roi et sa mère étaient assiégés dans cette tour, ils prirent les armes et marchèrent contre les mécontents. Le roi et la régente furent délivrés, et la confédération des seigneurs rompue.

— C'est très-bien, dit Mme Derville, je vois avec plaisir que tu profites de tes lectures. Mais je m'étonne que cette tour ne te rappelle pas un fait beaucoup plus important qui s'est passé sous le règne de Louis XI. Il s'agit encore de seigneurs mécontents, à la tête desquels se trouvait le duc de Charolais, beaucoup plus connu sous le nom de Charles le Téméraire.

— Ah! maman, dit Léon, maintenant, je me souviens ; tu veux parler de la *ligue du bien public*. Louis XI vint attaquer les rebelles auprès du Montlhéry. La bataille fut indécise ; mais, peu après, chacun des seigneurs fit sa paix avec le roi, moyennant des avantages particuliers ; ils prouvèrent ainsi que cette ligue du bien public n'était que la ligue de l'égoïsme et de l'intérêt privé. Le traité de Conflans, qui mit surtout ce fait en évidence, termina la guerre.

— C'est cela, dit Mme Derville. On voit encore aujourd'hui le lieu où furent enterrés les Bourgui-

gnons tués dans la bataille. Il porte le nom de cimetière des Bourguignons.

Tout en s'entretenant ainsi, on avançait rapidement, et nos voyageurs arrivèrent à Orléans presque sans s'en apercevoir. Les gardiens du chemin
de fer ayant crié : *vingt minutes d'arrêt,* M. et Mme
Derville descendirent du wagon avec leurs enfants
et entrèrent au buffet où ils déjeunèrent. Les enfants
furent d'abord un peu étonnés de manger avec un
si grand nombre de convives. Mais le voyage avait
aiguisé leur appétit, et ils firent honneur aux mets
qu'on leur présenta.

Lorsqu'ils furent remontés dans leur wagon et
que le train se fut remis en marche, Marie, jalouse
de montrer, elle aussi, ses connaissances historiques,
dit qu'Orléans lui rappelait Jeanne d'Arc dont elle
savait très-bien l'histoire.

— Eh bien ! dit Léon, puisque tu es si savante,
raconte-la.

Cette invitation ironique de son frère ne décon-
certa point la petite fille. Elle raconta très-bien les
premières années de Jeanne passées auprès de son
père et de sa mère, au village de Domremy, où elle
était née. Elle parla de sa piété, de son innocence,
de sa vie simple et laborieuse. Puis elle dit comment, un jour, à l'heure de midi, Jeanne étant dans
le jardin de son père, entendit une voix inconnue

qui, l'appelant par son nom, lui commandait d'aller délivrer la ville d'Orléans assiégée par les Anglais, et de conduire ensuite le roi Charles VII à Reims, pour l'y faire sacrer.

Marie raconta ensuite l'arrivée de Jeanne à Chinon, où se trouvait alors le roi ; les épreuves qu'on lui fit subir pour s'assurer si elle était inspirée de Dieu ou du démon, et, enfin, la permission qu'elle obtint de marcher au secours d'Orléans avec une suite militaire.

— Jeanne, dit Marie, revêtit une armure. Elle se faisait précéder d'un bel étendard de toile blanche ; avec des franges en soie. Sur le fond, qui était blanc et semé de fleurs de lis d'or, on voyait représenté Notre-Seigneur Jésus-Christ ; il était assis sur un trône dans les nuées du ciel et tenait un globe dans ses mains. A sa droite et à sa gauche étaient agenouillés des anges dans l'attitude de l'adoration.

» Les Anglais, continua Marie, furent forcés de lever le siége d'Orléans. Jeanne conduisit ensuite le roi à Reims, où elle le fit sacrer. Alors, elle voulut retourner dans son village pour aider son père et sa mère, et garder leurs brebis avec ses frères et ses sœurs. Mais Charles VII, qui voyait que la présence de Jeanne encourageait les soldats, ne voulut jamais la laisser partir. Elle dut céder à son roi, mais elle avait de tristes pressentiments et répétait sans cesse que sa mission était accomplie. Comme elle défendait la ville de Compiègne, elle fut prise par les Anglais; et le méchant duc de Bedfort, qui voulait se venger des défaites qu'il avait essuyées, lui fit faire son procès. Elle se défendit avec beaucoup d'esprit et de courage ; mais des juges iniques ne l'en condamnèrent pas moins à être brûlée vive comme sorcière. Cet horrible arrêt fut rendu et exécuté à Rouen. »

— Tu as très-bien raconté l'histoire de Jeanne, dit M. Derville; viens m'embrasser, ma petite Marie. Lorsque nous serons arrivés à Coarraz, il faudra que tu demandes à ta maman de te faire lire les vers qu'un de nos poètes, Casimir Delavigne, a consacrés à Jeanne d'Arc, et le plus beau passage d'une tragédie qu'un autre poète, Alexandre Soumet, a composée sur la mort de cette héroïque jeune fille.

—Oh! oui, maman, s'écria Marie, fais-moi lire ces vers. J'aime beaucoup les vers, et puis il s'agit de Jeanne d'Arc. Je suis sûre que cela m'intéressera beaucoup.

Mme Derville promit à la petite fille de la satisfaire, dès qu'on serait arrivé à la campagne.

— Mais, papa, demanda tout à coup Léon, y a-t-il une bibliothèque à Coarraz?

— Ne t'inquiète pas, répondit M. Derville ; il y en a une, et puis j'ai fait emballer et transporter à la campagne celle que nous avions à Paris. Ainsi, au lieu d'une, tu en auras deux. Songe seulement à en profiter et ne fais pas comme ces avares qui vivent au milieu des trésors qu'ils ont entassés, sans avoir jamais l'idée de s'en servir.

Et causant ainsi, on atteignit Blois, puis Amboise. Chacune de ces villes possède un château qui rappelle de nombreux souvenirs historiques. Il s'est passé dans celui de Blois surtout, des évènements célèbres que Léon, jaloux de montrer sa science devant son père, ne manqua pas de citer. Il raconta l'assassinat du duc de Guise, commis par ordre de Henri III dans une des salles de cet édifice. Mais après sa mort, le duc effrayait encore le faible roi; car, étant sorti de son appartement et s'étant approché du cadavre de la victime pour s'assurer par ses propres yeux que ses ordres avaient été bien exécutés, il rentra, frappé de terreur, et s'écria : « Dieu! comme il est grand! » Il lui aurait paru moins grand , si lui-même n'avait pas été si petit.

Quant au château d'Amboise, Léon rappela qu'il avait été habité par Charles VIII, lequel y était né et y mourut, puis par Louis XII qui, cependant, eut toujours une préférence pour Blois. Le jeune garçon parla aussi de l'évènement fameux, connu dans l'histoire sous le nom de *conjuration d'Amboise*, et il n'oublia pas de rappeler que ce château servit pendant cinq ans de prison à Abd-el-Kader, le plus redoutable ennemi que la France ait rencontré sur la terre d'Afrique.

Dans ce voyage, si plein d'objets intéressants, ce qui émerveilla le plus nos jeunes touristes, fut peut-être le spectacle que leur offrit la Touraine. On était alors au mois de juin, et la nature étalait toutes ses pompes. N'étant presque jamais sortis de Paris, les enfants de M. Derville ne connaissaient guère, en fait de campagne, que les Champs-Élysées et le bois de Boulogne. Aussi, leur ravissement fut-il grand, lorsqu'ils contemplèrent ces belles plaines, couvertes de riches moissons ou tapissées d'une brillante verdure. D'élégantes maisons de campagne, de jolis villages, coquettement cachés derrière des rideaux de haut peupliers, semblaient vouloir se dérober à une curiosité indiscrète, et n'en attiraient que mieux les regards. Nos voyageurs voyaient avec admiration tous ces beaux fleuves : la Loire, le Cher, l'Indre, la Vienne qui, partis de points opposés, arrivent tous dans ce pays comme s'ils y étaient attirés par l'attrait irrésistible de sa beauté. De leur ligne onduleuse, une longue suite de collines fermait l'horizon et, tremblotant sous la lumière du soleil, formait comme un cadre mobile à ce brillant tableau.

Les enfants de M. Derville ne pouvaient se rassasier du spectacle qu'ils avaient sous les yeux, et le plaisir qu'ils éprouvaient se manifestait à tout moment par des battements de mains et de joyeuses exclamations.

Mme Derville jouissait de leur bonheur. Se penchant à l'oreille de son mari, elle lui dit tout bas :

— Eh bien, mon ami, voilà les plaisirs que goûteront désormais nos enfants. Dans nos Pyrénées, ils seront en présence d'une nature encore plus belle. L'air vivifiant des champs, les promenades sur les montagnes, et les autres exercices auxquels ils trouveront tous les jours l'occasion de se livrer développeront leur force et leur santé. En voyant la joie éclater dans leurs yeux et les couleurs de la santé briller sur leurs visages, pensez-vous que je puisse jamais regretter Paris et tous ses vains plaisirs ?

Le général comprit le sentiment généreux qui dictait les paroles de sa femme, et il l'en remercia en attachant sur elle un regard plein de tendresse.

Je ne raconterai pas tous les accidents du voyage, qui, d'ailleurs, n'eut plus rien de bien intéressant. Mes jeunes lecteurs sont sans doute impatients de voir nos amis installés à Coarraz; aussi vais-je me hâter de les y conduire. On coucha à Bordeaux; M. et Mme Derville ne voulurent pas aller plus loin ce jour-là, craignant de fatiguer leurs enfants, peu accoutumés aux longs voyages. Le lendemain, tout

le monde fut sur pied de bonne heure ; personne ne
songea à négocier avec son oreiller, et les conseils
de la paresse, auxquels on prêtait quelquefois, à
Paris, une oreille trop complaisante, furent cette
fois sans influence. A peine levé, Léon se mit à
parcourir toutes les chambres, criant qu'il fallait
partir, et que, si on ne se hâtait pas, on manquerait
le chemin de fer. M. Derville lui fit observer qu'il
était à peine huit heures, que le chemin de fer ne
partait qu'à dix heures et demie, et que, par conséquent, il était inutile de se tant presser. On déjeuna ;
mais les enfants, préoccupés de toute autre chose
que de manger, ne touchèrent aux plats que du
bout des lèvres. Jules, cependant déclara que les
royans étaient une excellente chose, et Marie, après
y avoir goûté, approuva l'opinion de son frère.

Enfin, Mme Derville donna le signal du départ.
On monta en voiture, et, au bout de quelques instants, on fut arrivé au débarcadère. Quelques minutes après, on était parti.

Ce jour-là, les yeux des voyageurs ne furent point
égayés par la vue d'un pays agréable ; ce n'était plus
la Touraine et sa brillante végétation. Loin de là,
on n'apercevait de tous côtés que de misérables
bruyères ou des bois de sapins maigres et chétifs.

— Oh ! papa, dit Léon, comme les habitants de
ce pays doivent être malheureux !

— Ils ne le sont pas autant que tu pourrais le croire, répondit M. Derville ; ces sapins que tu vois, et que tu méprises sans doute, font la fortune du pays. Ils rapportent chaque année aux habitants de bons et beaux revenus. Au printemps, on fait aux arbres une incision longitudinale ; la sève, qui n'est autre chose que de la résine, coule par la blessure et se dépose au pied. On la ramasse et on la vend. C'est un produit qui vient tout seul et presque sans travail. Chaque arbre rapporte à peu près cinq sous de résine par an. Or, la contrée entière n'est presque qu'une forêt. D'après cela, tu peux te faire une idée des sommes immenses qu'elle produit.

— Et tu vois en même temps, ajouta Mme Derville, avec quelle sagesse la Providence dispense ses bien-faits. A cette contrée, déshéritée de tant d'avan-tages, elle a réservé un produit qui ne demande ni travail coûteux, ni engrais, ni bâtiments d'exploi-tation. Il n'y a point de terre si misérable dont l'homme industrieux ne puisse tirer parti. Celle qui n'est point propre à porter du blé produit du vin, ou de la houille, ou de la résine, et réciproquement. Dieu l'a voulu ainsi, afin d'obliger les hommes à se demander les uns aux autres ce qui leur manque, à commercer entre eux, à se connaître et à s'aimer. C'est ainsi qu'au-dessous de ses plus grandes sévérités on trouve toujours, quand on cherche bien, un fond adorable de tendresse.

— Mais, papa, demanda Léon, que peut-on faire de toute cette résine?

— D'abord, dit M. Derville, on en fait de petites bougies avec lesquelles les pauvres paysans s'éclairent pendant les longues soirées d'hiver; mais ce n'est là qu'un des emplois les moins importants de cette production naturelle. On en retire l'essence de térébenthine et le noir de fumée, qui ont, dans les arts et l'industrie de nombreux usages. Le sapin n'est pas seulement utile par la résine qu'il produit; quand il est abattu, il donne encore du goudron, du charbon. Il fournit des échalas pour la vigne, des piquets pour les clôtures, les poteaux télégraphiques, les traverses pour les chemins de fer, des solives et des planches pour les constructions. Tu en sais assez maintenant pour comprendre que cet arbre est un des plus précieux que nous ayons.

Cependant Marie n'avait prêté aux dernières explications de son père qu'une attention distraite; ses regards, constamment tournés dans la même direction, semblaient attachés à un point unique, et tout son visage portait l'empreinte de la stupéfaction la plus profonde.

— Léon! Léon! s'écria-t-elle tout à coup, regarde donc.

Léon mit la tête à la portière et ne fut pas moins étonné que sa sœur. Ce qu'ils voyaient était, en effet, bien capable d'exciter leur surprise.

C'était un homme, coiffé d'un chapeau à larges bords, enveloppé d'une longue limousine, et monté sur des échasses qui avaient plus de douze pieds de hauteur. Il s'appuyait d'un main sur une longue perche et paraissait être le berger d'un nombreux troupeau de brebis qui paissaient autour de lui. M. Derville expliqua à ses enfants que les habitants des Landes, quand ils traversent leurs bruyères, ont l'usage de monter ainsi sur de longues échasses.

— Ce n'est point pour eux une fantaisie, dit-il, mais une nécessité, du moins pendant les temps pluvieux. Le sol des Landes se compose presque tout entier d'une couche de terre, impénétrable à la pluie. L'eau séjourne à la surface et forme une multitude de mares ; c'est pour éviter l'inconvénient d'avoir toujours les pieds et le bas des jambes dans l'eau que les bergers landais montent sur ces échasses. Vous avez pu voir, d'ailleurs, qu'ils n'en sont point gênés, et que, malgré cet appareil incommode, ils marchent avec la plus grande facilité. Il y en a même pour qui ces échasses sembleraient tenir lieu des bottes de sept lieues du Petit-Poucet, tant ils vont vite. Et, à ce propos, je veux vous raconter une aventure qui m'est arrivée dans ma jeunesse.

— Oh! oui, papa, s'écrièrent à la fois tous les enfants; raconte-nous cette aventure.

— J'étais bien jeune alors, dit M. Derville, j'avais à peine quinze ans. Je venais d'achever ma classe de seconde au lycée de Bordeaux, et je me rendais en vacances à Coarraz où habitait mon père. Il n'y avait point de chemin de fer alors; en compagnie de sept ou huit de mes camarades, je pris une voiture qui faisait le service entre Bordeaux et Bazas. Je couchai dans cette dernière ville, me proposant de me rendre le lendemain à Mont-de-Marsan; puis le troisième jour, à Pau. En ce temps-là, il ne fallait pas moins de trois jours pour franchir la distance qui sépare Bordeaux de la capitale du Béarn. Tel était mon plan de voyage; mais il fut complètement dérangé. J'avais compté sans une foire qui se tenait à cette époque de l'année à Mont-de-Marsan. Le lendemain, quand je me mis en quête d'une voiture, bien que je m'y fusse pris de très-bonne heure, j'appris que toutes les places étaient prises et que ce serait en vain que je parcourrais toute la ville pour trouver même un chariot. Je fus, comme vous pensez bien, mes enfants, extrêmement contrarié de ce contre-temps inattendu. J'avais un désir extrême de revoir ma famille après une absence de près d'une année ; je savais, en outre, que j'étais impatiemment attendu et que le moindre retard plongerait mon père et surtout ma mère dans une mortelle inquiétude.

Tourmenté de ces idées, je pris un parti héroïque ; je résolus de faire à pied le trajet de Bazas à Mont-de-Marsan. Encore que la course fût longue, elle n'était cependant point au-dessus de mes forces, et j'en avais déjà fait quelquefois qui la valaient bien. Comme je raisonnais de tout cela avec l'aubergiste chez lequel j'avais passé la nuit, cet homme me conseilla, au lieu de prendre la grande route, d'en suivre une autre qu'il m'assura être plus courte de quelques lieues. Un pareil avantage n'était point à dédaigner ; je suivis son avis, et, quoiqu'il me l'eût donné, je n'en doute pas, dans mon intérêt et pour mon plus grand bien, je m'en trouvai fort mal, comme vous allez voir.

Tout alla d'abord à merveille ; mais, à la chute du jour, j'entrai dans une immense forêt de sapins, et à peine y avais-je fait quelques pas, je me trouvai en face d'un problème redoutable. Quatre routes, qui me parurent également fréquentées, s'offrirent à moi ; il n'y avait point à délibérer sur le choix à faire ; tous les efforts de jugement et tous les raisonnements du monde étaient ici hors de saison. Je m'en rapportai au hasard et j'enfilai une des quatre routes sans réfléchir. Je doublai le pas, malgré mon extrême fatigue, dans l'espérance de sortir de la forêt avant que la nuit fût tout à fait tombée. Mais mon attente fut déçue; je marchai pendant plus d'une heure, et rien ne m'annonçait que j'allais enfin revoir la campagne. Pour comble de malheur, la faible clarté qui filtrait encore à travers les arbres et éclairait ma route fit peu à peu place aux ténèbres, et je me trouvai dans une obscurité profonde.

J'eus d'abord l'idée de me coucher au pied d'un arbre, sur le bord du chemin, et d'y attendre le retour du jour. Mais la crainte des loups, qui sont nombreux dans ces forêts, m'y fit renoncer. Je coupai un jeune sapin, je l'émondai, et m'en fis un bâton afin de m'en servir pour ma défense en cas de mauvaise rencontre. Ainsi armé, je continuai ma route avec courage. Je rencontrai mille obstacles : tantôt je trébuchais contre une grosse racine qui embarrassait la route; tantôt, déviant de la bonne direction, j'allais me heurter contre un arbre que je n'avais pu voir au milieu des ténèbres qui m'enveloppaient. Déjà je sentais que mes forces allaient me trahir, lorsque tout à coup je crus apercevoir une faible lumière à travers les arbres; après avoir fait encore quelques pas en avant, elle devint plus distincte et je ne conservai plus aucun doute. Elle était très-éloignée; mais n'importe, elle me rendit l'espoir et, avec l'espoir, le courage. Ce fut comme un phare qui, au milieu de la nuit profonde dont j'étais entouré, guida mes pas incertains.

Je me mis à marcher avec une nouvelle ardeur. Tantôt je voyais briller avec éclat ma petite étoile, et la confiance entrait dans mon cœur ; tantôt, quand les arbres s'interposaient entre elle et moi, elle disparaissait à mes yeux et je retombais dans le découragement. Enfin, après une marche de plus d'une demi-heure, semée des incidents les plus pénibles, j'arrivai, toujours conduit par ce faible point brillant qui me servait de guide, au pied d'une misérable cabane.

Je frappai.

— Qui est-là, et qui vient frapper à notre porte à une pareille heure? me cria de l'intérieur une voix rauque.

— C'est, répondis-je, un voyageur égaré qui réclame l'hospitalité pour le reste de la nuit.

— C'est bien, me cria la même voix, on va vous ouvrir.

Et en effet, au bout de peu d'instants, j'entendis le bruit des barres de la porte que l'on retirait.

Cette porte s'ouvrit et je pus entrer.

L'intérieur du logis n'était pas gai. Une table grossière, une huche et quelques chaises de sapin en formaient tout l'ameublement. Un feu de bois vert achevait de s'éteindre dans la cheminée et répandait dans la chambre une fumée épaisse qui vous prenait à la fois à la gorge, au nez et aux yeux. La chaumière n'était éclairée que par la faible lumière que projetait le foyer, et encore, ce n'était qu'une clarté incertaine et intermittente. Une flamme légère et tremblotante apparaissait par moments, et, dansant au-dessus des tisons à demi-éteints, jetait dans l'appartement une lueur vive ; puis elle s'envolait, et tout rentrait dans l'ombre. La femme voyant sans doute qu'il ne fallait plus compter sur le feu du foyer pour combattre l'obscurité, alluma une résine, puis, prenant un morceau de bois fendu par un bout, elle fit entrer la résine dans la fente et enfonça l'autre bout du bois dans un trou de la cheminée affecté à cet usage. A la clarté de ce candélabre je pus enfin examiner mon hôtesse.

C'était une grande femme sèche, aux traits durs et osseux. Il était difficile de juger quel était son âge. Cependant, quelques cheveux gris, qui s'échappaient de dessous son bonnet, pouvaient lui faire attribuer cinquante et quelques années. La peau de ses mains était d'un rouge de brique, fond sur lequel se détachaient de grosses veines bleues, gonflées et tendues comme des cordes. La malpropreté de ses vêtements, l'expression dure de sa physionomie, la brusquerie de ses mouvements,

tout faisait de cette femme un objet repous-
sant.

— Oh! papa, s'écria tout d'un coup Marie, comme
tu as dû avoir peur de cette vilaine femme!

— Ne te hâte pas de la juger, ma fille, répondit
M. Derville. J'ai des raisons de croire que c'était, au
contraire, une excellente créature, et tu apprendras
plus tard par ta propre expérience que sous un extérieur peu agréable se cache souvent l'âme la plus
noble; de même que la figure la plus charmante
recouvre quelquefois les sentiments les plus vils et
les plus pervers.

Après avoir fait connaître à mon hôtesse d'où je
venais, où j'allais et comment j'avais été amené
jusque chez elle :

— Habitez-vous donc toute seule cette chaumière? lui dis-je.

— Non, non, me répondit-elle; j'ai mon mari
qui est bûcheron. Il devrait être arrivé depuis longtemps; mais il faut croire qu'il se sera attardé dans
le bois ou qu'il aura rencontré quelque camarade
avec lequel il ne trouve pas le temps long.

— Je suis bien fatigué, lui dis-je, et je suis mort
de faim. Ne pourriez-vous me donner quelque chose
à manger?

— Nous sommes, me répondit-elle, de pauvres
gens, et nous n'avons pas le moyen de faire de

grandes provisions ; cependant, je vais voir ce que je peux vous offrir.

En disant ces mots, elle s'était dirigée vers la huche qu'elle ouvrit. Elle en tira un morceau de pain noir, du lard rance et deux œufs durs. Elle plaça le tout devant moi, puis elle y ajouta une tasse en terre et un pot ébréché contenant de l'eau, C'était là tout le menu.

Bien qu'il ne brillât ni par l'abondance, ni par la délicatesse, je fis pourtant un excellent repas. C'est que l'appétit est un merveilleux cuisinier ; il rend le pain noir excellent, fait du lard, même un peu rance, une délicatesse, et communique aux œufs durs une saveur exquise.

Après que j'eus mangé, je priai mon hôtesse de m'indiquer le lieu où je devais coucher. Elle me fit monter par une échelle dans une sorte de grenier, et, me montrant un tas de paille :

— Voilà, dit-elle, votre lit ; dormez bien.

En disant ces mots elle me quitta.

Resté seul, je me mis à réfléchir à ma position. Jusque-là, quoique l'extérieur de la femme qui m'avait accueilli n'eût rien de rassurant, je n'avais conçu aucune inquiétude.

Je ne sais si la solitude et l'obscurité profonde dans laquelle j'étais plongé agirent sur mon imagination ; mais, à peine demeuré seul, je fus assailli

de mille visions terribles. Il me sembla que cette
femme avait mis aux dernières paroles qu'elle m'a-
vait adressées un accent sinistre : « Dormez bien, »
m'avait-elle dit. N'y avait-il point dans ces paroles
une ironie cruelle, une horrible menace ? J'étais
perdu au milieu d'un pays inconnu, à la merci du
bûcheron et de sa femme. Ne me préparaient-ils
point quelque affreuse destinée pour me dépouiller ?
et si tel était, en effet, leur dessein, quel serait
mon recours et comment me défendre ? Je repas-
sais dans mon esprit tout ce que cette femme
m'avait dit depuis mon arrivée ; je me représentais
les différentes expressions de sa physionomie et
jusqu'à ses moindres gestes, et mon imagination,
que la raison ne gouvernait plus, n'y trouvait que
de nouvelles causes d'alarmes.

A ce moment, la petite Marie, qui donnait depuis
quelque temps des signes d'une émotion profonde,
ne put se contenir davantage. Elle éclata en sanglots et fondit en larmes.

— Oh ! papa, papa, s'écria-t-elle d'une voix alté-
rée, hâte-toi de te sauver de ce vilain lieu, afin qu'ils
ne te tuent pas.

M. et madame Derville sourirent de cet accès de
sensibilité naïve. Celle-ci prit sa fille sur ses genoux,
l'embrassa et s'efforça par ses caresses d'apaiser son
agitation. Mais la petite fille était trop émue pour

reprendre tout de suite son calme ordinaire.

— Mais, sotte, lui disait Léon, regarde papa ; il est là, devant toi. Tu vois bien qu'il ne lui est arrivé aucun mal.

— Je le vois bien, Léon, répliquait Marie, mais c'est égal ; savoir papa tout seul dans cette vilaine cabane, au milieu des bois, peut-être à la merci des brigands, vois-tu, c'est horrible !

M. Derville suspendit pendant quelque temps son récit, et ce ne fut qu'après s'être assuré que la chère petite avait recouvré complètement ses sens, qu'il le continua en ces termes :

— Je m'étais jeté sur la paille de mon grenier, et, malgré les inquiétudes dont j'étais dévoré, le sommeil vint peu à peu s'emparer de moi. Ce fut un sommeil agité, plein de rêves pénibles, comme en procure souvent une fatigue excessive. Quand je me réveillai, les premières lueurs de l'aube entraient dans le grenier par une lucarne assez large pratiquée dans le toit. Je saluai le jour naissant avec une joie inexprimable ; mais je n'étais point encore à la fin de mes tribulations, et un incident inattendu me rendit toutes mes terreurs.

Au-dessous de moi, et presque tout juste au-dessous de ma tête, j'entendis un bruit de voix ; on parlait à l'étage inférieur, et, comme je n'en étais séparé que par une très-mince cloison, je pus distinguer la voix de la femme qui m'avait reçu la veille ; l'autre était celle d'un homme, probablement celle de son mari. Malheureusement, je ne saisissais que des sons confus et ne pouvais entendre ce qu'ils se disaient. Pour y parvenir, j'écartais doucement la couche de paille assez légère, sur laquelle j'étais étendu, et ma main, en opérant ce travail, ayant rencontré une fente assez large, j'y appliquai aussitôt mon oreille. Je pus alors entendre très-distinctement la conversation suivante :

— As-tu, disait la femme, aiguisé le couperet ?

— Non, répondait l'homme, mais qu'importe ?

— Il ne te sera pas facile alors de le tuer, répliquait la femme.

— Bah ! répartait l'homme, j'en viendrai bien à bout. Le dernier auquel j'ai coupé le cou, il y a quinze jours, était plus difficile à tuer. Mais voici le jour, il est temps que j'aille lui faire son affaire.

Je n'en entendis pas davantage ; un bruit de rideaux qu'on faisait glisser sur leurs tringles m'avertit que l'homme s'apprêtait à se lever. Convaincu que je n'avais pas une minute à perdre, si je voulais éviter le sort affreux qu'on me réservait, je ne fis qu'un bond jusqu'à la lucarne du grenier. Je me glissai sur le toit ; je sautai à terre, au risque de me rompre le cou, et j'enfilai la première route qui s'offrit à moi. Je courus comme un fou pendant plus d'une demi-heure ; la terreur doublait mes forces et me donnait des ailes ; mais, à la fin, essoufflé, n'en pouvant plus, je fus obligé de ralentir mon pas. Jusqu'à ce moment, je n'avais eu qu'une pensée, celle de fuir. Mais l'idée m'étant venue alors de regarder derrière moi, quel ne fut pas mon désespoir en voyant que j'étais poursuivi !

Un homme, monté sur de hautes échasses, avançait rapidement vers moi ; je ne doutai pas que ce fût le bûcheron qui, furieux d'avoir manqué sa proie, cherchait à la rattraper. Je ramassai le peu de forces qui me restaient encore, et je me remis à courir. Mais j'étais épuisé par mes premiers efforts et, d'ailleurs, j'acquis bientôt l'horrible conviction que la fuite la plus rapide ne me sauverait pas et ne servirait qu'à retarder de quelques minutes la crise fatale. L'homme qui me poursuivait, faisant, d'énormes enjambées, gagnait visiblement sur moi à chaque pas. Je m'arrêtai alors ; je me saisis d'un échalas que je trouvai dans une vigne sur le bord du chemin, et, me retournant vers mon ennemi, je l'attendis de pied ferme, résolu du moins à vendre chèrement ma vie.

A ce moment suprême, qui allait, je le croyais du moins, décider de mon existence, mon esprit se reporta vers Coarraz ; tous les lieux qui avaient été témoins des jeux de mon heureuse enfance se représentèrent avec une vivacité extrême à ma mémoire. Je pensai à mon père, à ma mère, à ma jeune sœur, êtres chéris que, selon toute apparence, je ne devais plus revoir, et mes yeux se mouillèrent de larmes. Mais je me hâtai de chasser de mon esprit ces souvenirs attendrissants qui eussent affaibli mon courage et paralysé ma défense. J'adressai au ciel une fervente prière pour qu'il me protégeât dans la circonstance critique où je me trouvais, et, résigné à sa volonté, quelle qu'elle fût, je me préparai à faire une vigoureuse défense.

Heureusement, mes chers enfants, cet appel à la protection divine et toute cette dépense de fermeté et de résolution furent inutiles.

Lorsque cet homme qui me poursuivait fut arrivé assez près de moi pour que je pusse entendre sa voix :

— Diable, mon jeune monsieur, me cria-t-il d'un air gai et en essuyant son front ruisselant de sueur, vous pouvez vous vanter d'avoir de bonnes jambes. J'ai cru un moment que je ne pourrais jamais vous rattraper. J'en aurais été fâché et vous aussi sans doute, car je ne pense pas qu'on perde sans regret un objet comme celui-là.

Et, en même temps, il me présentait une montre, cadeau de mon père, que, dans mon empressement à fuir, j'avais laissée dans le grenier où j'avais passé la nuit.

Ainsi cet homme à qui j'avais attribué le dessein d'attenter à ma vie ; qui, dans ma pensée, me poursuivait depuis plus d'une heure pour me tuer et me dépouiller, cet homme avait fait plus d'une lieue en courant après moi pour me rendre un objet qui m'appartenait ! Ce brigand, ce bandit était un modèle d'honnêteté ! Vous jugez, mes enfants, avec quelle confusion je reconnus ma méprise et combien je fus honteux des pensées criminelles que je lui avais attribuées. Dans le trouble où j'étais, je ne pus que balbutier un remerciement.

— Il n'y a pas de quoi me remercier, mon jeune monsieur, me dit ce brave homme ; je ne pouvais garder ce bijou qui ne m'appartenait point. Mais pourquoi donc vous êtes-vous enfui comme ça, en cachette, sans rien dire à personne ?

— Je ne pouvais lui faire connaître les horribles soupçons qui m'avaient traversé l'esprit. Je me bornai à lui dire que j'étais pressé de retourner dans ma famille et que, si j'étais parti sans dire adieu à mes hôtes et sans les remercier, c'est que je n'avais point voulu les troubler dans leur sommeil.

— Bien, dit-il ; mais cela ne m'explique pas par où vous avez passé. Ce n'est certainement pas par la porte ; car je l'ai trouvée dans le même état où je l'avais mise moi-même hier au soir avant de me coucher. Les barres n'en étaient point dérangées.

Je lui avouai que j'avais passé par la lucarne du grenier.

Toutes les fois que je me rappelle l'expression que prit son visage, quand je lui donnai cette explication, j'incline à penser qu'il soupçonna la vérité ; mais il n'en témoigna rien, ne voulant pas sans doute ajouter à la confusion dont il voyait bien que j'étais accablé.

— C'est égal, se borna-t-il à dire, voilà un drôle de moyen de sortir de chez les gens. Pour ne déranger personne, vous sautez par les fenêtres et vous partez sans déjeuner. Vous êtes un homme bien scrupuleux. On ne va pas loin, mon cher monsieur, quand on ne se nourrit que de scrupules. Ma pauvre femme était un peu honteuse de vous avoir, hier au soir, si mal régalé. A nous deux nous avions fait le projet de vous en dédommager ; ce matin j'ai coupé le cou, dans cette intention, à notre dernier canard. Nous en avions deux ; nous avons mangé l'autre, il y a quinze jours, en compagnie d'un garde de mes amis qui était venu nous rendre visite.

Tout s'expliquait ainsi le plus simplement du monde ; les paroles qui m'avaient épouvanté le matin, et auxquelles j'avais attaché un sens si terrible, avaient une signification toute naturelle. La victime, dévouée à la mort, c'était un canard ! et c'était pour moi, pour me fêter, qu'on s'était décidé à le sacrifier !

— Lorsque j'eus fait son affaire à l'oiseau, ajouta-t-il, et que ma femme l'eut mis à la broche, je montai au grenier pour vous réveiller; car ma femme m'avait dit que vous vouliez partir de grand matin. Mais je trouvai la cage vide et le merle envolé. Il avait, cependant, laissé une de ses plumes, continua-t-il en indiquant la montre par un geste. Je la ramassai, et ayant remarqué que la paille sur laquelle vous aviez couché était encore chaude, j'en conclus qu'il n'y avait pas longtemps que vous étiez parti, et que vous ne pouviez être bien loin. Je me mis donc, sans perdre de temps, à votre poursuite, dans l'espérance que je pourrais encore vous rattraper.

— Mais, lui dis-je, vous ne m'aviez jamais vu. Quel moyen aviez-vous de me reconnaître?

— Oh! répondit-il, c'est tout simple; ma femme m'avait dit que vous portiez l'uniforme de collégien.

Je remerciai avec effusion ce brave homme; je voulus lui faire accepter une récompense pour la peine et l'embarras que je lui avais causés. Mais la chose fut impossible; il repoussa avec obstination toutes mes instances. Avant de le quitter:

— Je suis bien, lui demandai-je, sur le chemin de Mont-de-Marsan?

— Oui, oui, me répondit-il, vous n'avez qu'à

marcher tout droit devant vous. Avant un quart
d'heure, vous aurez quitté la traverse : vous vous
trouverez sur la grande route, et vous commence-
rez même à apercevoir les premières maisons de
la ville.

Nous nous quittâmes sur ces dernières paroles.
Il retourna sur ses pas dans la direction de sa maison et, moi, je continuai mon chemin.

Le reste de mon voyage se passa sans incidents
nouveaux. Je fus assez heureux pour trouver en
arrivant à Mont-de-Marsan, une voiture qui partait pour Pau. Je montai dedans et, le soir, j'étais
dans les bras de ma famille qui, dans l'impatience
de m'embrasser était venue au-devant de moi jusqu'à cette ville.

A peine M. Derville avait-il achevé son récit que
le convoi s'arrêta. On était arrivé à Aire. Là, on
quitta le chemin de fer et on monta en diligence.
Trois heures après, nos voyageurs entraient dans la
patrie de Henri IV. Coarraz n'est éloigné de Pau
que de quelques lieues; cependant, comme il était
tard, M. et Mme Derville décidèrent qu'on ne s'y
rendrait que le lendemain matin. Cette résolution
contraria beaucoup les enfants; mais, comme elle
était raisonnable, et que, d'ailleurs, ils aimaient
trop leurs parents pour critiquer leurs décisions, ils
s'y résignèrent sans murmurer. Ils soupèrent, puis

M. et Mme Derville les envoyèrent coucher. Les lits de Marie et de la petite Camille étaient placés dans la même chambre, qui était en même temps celle de leur papa et de leur maman. Jules et Léon couchèrent dans un grand cabinet placé à côté de cette chambre, et qui n'en était séparé que par une cloison très-mince. Cette disposition leur permettait de s'entendre et, par conséquent, de se parler. Ils en profitèrent pour causer ensemble, après qu'ils se furent mis au lit. Car l'excitation produite par le voyage et par les vives impressions qu'ils avaient ressenties tint longtemps le sommeil éloigné de leurs yeux.

— Comme nous allons nous amuser à Coarraz! dit Léon. Il me semble que la campagne doit être bien plus agréable que Paris. Moi, d'abord, je veux avoir un fusil pour aller à la chasse.

— Est-ce que tu crois, Léon, lui objecta Marie, que papa voudra te donner un fusil? Il dira que tu es trop jeune et trop étourdi, et puis maman aurait bien trop grand'peur qu'il ne t'arrivât un accident.

— Pourquoi papa ne me donnerait-il pas un fusil? répliqua Léon. Albert en a bien un. Tu sais? ce petit garçon qui venait quelquefois nous voir à la maison. C'est son papa qui le lui a donné et, quand il est à la campagne, il va à la chasse avec un garde. Je suis aussi grand qu'Albert.

— C'est égal, Léon, répondit Marie : je crois bien que tu n'auras pas de fusil.

— Eh bien, dit Léon, si papa me refuse, cela ne m'empêchera pas d'aller à la chasse. Je ferai des piéges, et je prendrai des oiseaux.

— Oh! oui, Léon, dit vivement Marie. Il faudra que tu prennes des oiseaux. Nous demanderons à papa de nous faire faire une jolie volière, et nous les mettrons dedans. Et, moi, je me charge de leur donner à manger et tout ce qu'il leur faudra. Tu verras comme j'en aurai grand soin. Et puis je veux en apprivoiser un qui mangera dans ma main, qui reconnaîtra ma voix et viendra se poser sur mon doigt ou sur mon épaule, quand je l'appellerai.

— Oui, dit Léon. Et puis nous irons à la pêche; c'est aussi très-amusant.

— Est-ce qu'il y a une rivière à Coarraz? demanda Marie.

— Oui, répondit Léon, je me souviens que papa a parlé d'une rivière, à propos d'un pré où il se propose d'amener de l'eau; je lui ai entendu dire aussi qu'il y avait une grande pièce d'eau dans le jardin.

— Oh! Léon, s'écria Marie, si nous pouvions avoir un bateau! Comme ce serait amusant d'aller faire des promenades sur l'eau! Décidément, Léon, je crois que nous nous amuserons à la campagne beaucoup plus qu'à Paris.

La sœur et le frère aîné ne formaient pas seuls des projets. Jules et Camille donnaient, de leur côté, carrière à leur imagination. Jules voulait avoir un cheval; Camille, un jardin pour y cultiver des fleurs, et un joli mouton qui lui appartiendrait à elle toute seule et à qui elle donnerait toute seule à manger. La conversation, cependant, devint peu à peu moins vive, les voix moins distinctes. Nos jeunes amis sentirent leurs paupières s'alourdir et leurs yeux se fermer; et, lorsque M. et Mme Derville, qui étaient restés dans le salon, entrèrent dans la chambre pour se coucher, ils les trouvèrent tous profondément endormis.

Le lendemain, nos petits voyageurs, bien reposés des fatigues des deux journées précédentes, se réveillèrent de bonne heure. Leur premier soin fut d'aller aux fenêtres et de regarder s'ils auraient beau temps pour le reste de leur voyage. Ils virent avec grand plaisir que la journée s'annonçait à merveille. Il n'y avait pas un nuage dans le ciel, et le soleil, déjà levé, brillait du plus vif éclat. Tout à coup Marie, qui regardait par une fenêtre donnant sur la cour de l'hôtel, s'écria :

— Viens donc voir, Léon, la charmante voiture.

Léon accourut et vit un char-à-bancs qui stationnait dans la cour. Deux jolis chevaux y étaient attelés, et le cocher était déjà sur le siége, attendant sans doute que ses maîtres vinssent prendre place dans le véhicule. Une idée traversa l'esprit de Léon.

— Cette voiture, Marie, dit-il à sa sœur, ne serait-elle point par hasard celle qui doit nons conduire à Coarraz? Attends-moi; je vais aller le demander à papa.

Il courut dans la chambre de son père, et il apprit qu'en effet il avait deviné juste. La veille, peu après son arrivée à Pau, M. Derville avait dépêché à Coarraz un exprès portant l'ordre qu'on lui envoyât de bonne heure une voiture. Cette voiture venait d'arriver, et c'était celle que Marie avait aperçue la première. Léon alla reporter à sa sœur la réponse de son père. Tous les enfants s'en réjouirent beaucoup; car, le char-à-bancs, qui était découvert, et d'où l'on pouvait voir la campagne, leur plaisait extrêmement.

Bientôt M. et Mme Derville furent prêts à partir. On ne déjeuna point à Pau; comme la distance entre cette ville et Coarraz est courte, il avait été arrêté qu'on ne mangerait qu'après qu'on serait arrivé dans ce dernier lieu. On monta donc aussitôt en voiture; le cocher agita son fouet, et l'on partit.

Le trajet fut rapidement parcouru; au bout de quelques heures, on avait atteint le terme du voyage.

II

La vallée dans laquelle est situé Coarraz est charmante. Un gave, aux eaux pures et limpides, l'arrose
dans toute son étendue et lui communique une fer-
tilité extraordinaire. Ce gave est semé d'une multitude d'îles qui, dans la belle saison, ressemblent à
de véritables corbeilles de verdure. Au milieu des
chaleurs les plus brûlantes de l'été, il y règne une
ombre et une fraîcheur délicieuses. Les pentes des
deux hautes collines au milieu desquelles serpente
la vallée sont plantées de vignes. Les pays vignobles
offrent en général un aspect peu gracieux, parce
qu'on y arrête la croissance de la vigne et que les
ceps, mutilés par la serpe du vigneron, ne présentent
aux yeux que l'apparence de moignons informes ;
en outre, comme l'arbuste ne peut s'élever qu'à une
très-petite hauteur, le pays, vu d'une certaine distance, paraît nu et aride.

Dans la vallée dont nous essayons de donner une

idée à nos jeunes lecteurs, la culture de la vigne diffère complètement de celle de la plupart des autres contrées. L'industrie de l'homme, loin d'y contrarier la nature, lui vient en aide. Au pied de chaque cep, on a planté un arbre. La vigne s'y attache, gagne les branches autour desquelles elle s'entrelace, et, montant toujours, finit par couvrir l'arbre tout entier d'une couronne de verdure. Ce mode de culture donne au pays l'aspect d'un immense jardin semé de tonnelles et de bosquets.

Coarraz est bâti dans la plaine, presque sur les bords du gave. Il n'en est séparé que par une terrasse et par le jardin placé immédiatement au-dessous. La façade de l'habitation regarde le gave. Derrière, s'étend un parc ; au delà du parc, sont les fermes et les champs cultivés qui composent le domaine.

En arrivant à Coarraz, M. et madame Derville trouvèrent toute la maison prête. Avant de quitter Paris, ils avaient écrit pour qu'on mît tout en ordre, et leurs gens s'étaient empressés d'exécuter leurs instructions. C'étaient des maîtres si aimés qu'on se faisait une fête de leur obéir. Aussi leur installation dans leur nouvelle demeure ne fut-elle pour eux la source d'aucun embarras. Le soir même de leur arrivée, ils s'y trouvèrent aussi bien établis que s'ils ne l'avaient jamais quittée. Les enfants furent enchantés des chambres qui leur avaient été destinées. Marie et Camille en eurent une qui touchait à celle de madame Derville. Elles poussèrent des cris de joie, lorsqu'en y entrant elles aperçurent deux jolis lits avec des rideaux blancs, le beau papier à fleurs qui tapissait les murs et surtout deux armoires toutes reluisantes de propreté.

— Je vous ai donné ces meubles, leur dit madame Derville, afin que vous y serriez tous les objets qui vous appartiennent. Mais souvenez-vous que celle de vous qui laissera désormais traîner quelque chose perdra tout à fait mes bonnes grâces. Une petite fille sans ordre ne mérite pas du tout d'être aimée par sa mère

Marie et Camille assurèrent leur maman qu'elles seraient à l'avenir si soigneuses, qu'on n'aurait jamais un reproche à leur faire à cet égard.

En quittant la chambre de ses filles, madame Derville passa dans celle des garçons, laquelle était contiguë à celle de M. Derville. Elle y trouva Jules et Léon dans un véritable accès d'enthousiasme. Ils ne se lassaient pas d'admirer leur chambre et tout ce qui la garnissait. Un beau bureau, avec un grand nombre de tiroirs, occupait le milieu. Au pied de chaque lit, il y avait une commode ; l'une était pour Léon, l'autre pour Jules. Ils avaient aussi chacun une petite bibliothèque en bois noir, suspendue au mur. On voyait déjà quelques livres sur les rayons de chacune d'elles ; celle de Léon portait l'*Iliade,* la *Jérusalem délivrée,* le *Robinson Crusoé.* C'étaient ses livres favoris. Les *Contes de Perrault* et ceux du *Chanoine Schmidt* ornaient celle de Jules.

— Eh bien, mes enfants, leur dit madame Derville, êtes-vous contents d'être à la campagne, et ne regrettez-vous point Paris ?

— Oh ! non, maman, répondit Léon, nous serons bien mieux ici. Vois comme notre chambre est grande et bien aérée, et quelle jolie vue ! Ce n'est pas comme dans la petite cellule où nous logions à Paris ; le soleil n'y pénétrait jamais : il fallait y allumer les bougies à quatre heures, et nous n'avions pour toute perspective qu'un vilain mur couvert d'affiches.

— Je suis bien aise, dit madame Derville, de voir que vous êtes contents. J'espère que vous donnerez à votre père lieu de l'être aussi de son côté. C'est lui qui désormais se chargera du soin de vous instruire. Songez à le récompenser des peines qu'il se donnera.

— Sois tranquille, maman, répondit Léon : nous étudierons très-bien ; ce sera si amusant de travailler avec papa !

— Comme votre père a, aujourd'hui et demain, beaucoup d'occupations, ajouta madame Derville, et que vos livres et vos cahiers d'étude ne sont pas encore déballés, je vous donne congé pour ces deux jours. Vous pouvez les employer comme bon vous semblera.

Cette nouvelle fut saluée par tous les enfants avec de grands applaudissements. Ils formèrent le projet de visiter Coarraz dans tous ses détails et, sur-le-champ, ils se mirent en devoir de l'exécuter. Ils descendirent, et le hasard les conduisit d'abord dans la basse-cour. L'étonnement de nos jeunes Parisiens fut grand, quand ils aperçurent toute la population emplumée qui l'animait. Une jeune paysanne se préparait, en ce moment, à lui donner à manger.

D'une main, elle tenait les bords de son tablier relevés ; de l'autre, elle prit des poignées de menu grain qu'elle répandit ensuite autour d'elle, en faisant entendre un cri particulier. A cet appel, bien connu de ceux auxquels il s'adressait, les poules, les oies, les canards, les dindons, répondirent, chacun à sa manière. Jamais langage ne fut plus confus ni à la fois plus facile à comprendre. La joie causée par une heureuse nouvelle ne peut trouver d'expressions plus vives. En même temps, toutes ces bêtes accoururent, chacune suivant son allure naturelle, autour de la paysanne.

Les poules prirent leur vol et furent les premières au rendez-vous ; les oies et les dindons les suivirent de près ; les canards arrivèrent les derniers, en se hâtant d'un pas lourd et en se dandinant.

La paix n'est facile à maintenir dans aucune espèce de cour. Celle de Coarraz fut, ce jour-là, le théâtre de plus d'une bataille. Le coq, qui est naturellement querelleur, donna un coup de bec au dindon, sous prétexte qu'il lui avait dérobé un grain de blé. Le dindon, qui prétendait, non sans motifs plausibles, avoir sur ce grain de blé autant de droits que le coq, rendit à celui-ci son coup de bec, et voilà aussitôt la guerre déclarée. Le coq se dressa sur ses ergots, hérissa les plumes de son cou et fondit sur son adversaire. Celui-ci soutint bravement l'attaque et repoussa même l'agresseur. Alors les deux ennemis, comme s'ils avaient reconnu dans cette première passe d'armes qu'ils étaient dignes l'un de l'autre, s'arrêtèrent un moment, se tenant sur la défensive et se provoquant du regard. L'issue du combat était douteuse, car, si le dindon était deux fois au moins plus gros que le coq, celui-ci l'emportait en agilité.

Marie tenait pour le premier qui avait été provoqué et qui ne faisait que repousser une insulte. Mais Léon, sans se préoccuper de la justice de la cause, était pour le coq, parce qu'il lui paraissait le plus faible.

Le combat ne fut suspendu qu'un instant, et ce

fut encore le coq qui rompit la trève et recommença l'attaque. La lutte se poursuivit longtemps avec des alternatives diverses ; le dindon donnait des coups plus terribles ; mais le coq répétait plus souvent les siens. A la fin, celui-ci, s'étant tout à coup enlevé en l'air, fit à son adversaire, dans l'endroit le plus sensible de la tête, une blessure si cruelle qu'il renonça au combat et s'enfuit honteusement. Le coq poursuivit quelque temps le vaincu, puis, étant monté sur le timon d'une charrette qui se trouvait là, il entonna un chant de victoire.

Après le dénouement de ce petit drame, dont les péripéties les avaient singulièrement intéressés, les enfants se dirigèrent vers les étables. Jules marchait devant et, étant arrivé auprès de la porte, il se disposait à entrer, lorsque des aboiements furieux se firent entendre. Il recula tout effrayé. En même temps, la tête d'un chien se fit voir à l'entrée de l'étable ; l'animal ne paraissait pas bien redoutable, car c'est à peine si sa taille égalait celle d'un lièvre.

— Comment ! dit Léon à Jules, c'est ce petit roquet qui t'a causé une si grande frayeur ! Tu es vraiment par trop poltron ! Tu vas voir, s'il me fait peur, à moi.

Et, en même temps, il s'avança d'un air résolu vers la porte de l'étable et fit mine de vouloir forcer l'entrée. Mais ces airs fanfarons n'intimidèrent nul-

lement le chien, qui, montrant une rangée de dents
blanches et aiguës, défendit vaillamment son poste.
Léon prit peur à son tour et battit en retraite. C'é-
tait fort mal calculé ; car, en de pareilles occasions,
si l'on ne veut pas être attaqué, le meilleur moyen
est de ne paraître ressentir aucune crainte. Le
chien, voyant que son adversaire reculait, fondit sur
lui, au grand effroi de tous les enfants, et précipita
sa fuite. Heureusement pour Léon, qui n'en aurait
peut-être pas été quitte pour la peur, François, le
gardien de l'étable, apparut en ce moment, et,
voyant ce qui se passait, rappela le chien.

— Ici, Pilate ! cria-t-il ; ici, tout de suite !

Pilate obéit sur-le-champ à la voix de son maître
et vint, la queue basse et en rampant, se coucher à
ses pieds.

— N'ayez plus peur, mes jeunes maîtres, dit ensuite François aux enfants ; Pilate voit bien maintenant qu'il a fait une sottise et que ce n'est pas contre
vous qu'il doit défendre l'entrée des étables. Mais
que voulez-vous ? un chien est un chien. Celui-ci,
qui est pourtant très-intelligent, a manqué de dis-
cernement aujourd'hui ; aussi voyez comme il en a
honte et comme il m'en demande pardon.

En effet, le petit chien s'était couché sur le dos,
les quatre pattes en l'air. Craignant sans doute une
punition, il avait pris cette humble attitude, et, en

s'abandonnant à la discrétion de son maître, il semblait vouloir faire appel à sa générosité.

— Allons, petit sot, dit celui-ci, relève-toi. Tu vois bien que je n'ai pas envie de te battre.

Et, en même temps, il lui fit une caresse.

Aussitôt Pilate se releva et fit autour de son maître mille bonds et mille gambades, en poussant des cris joyeux.

Les enfants, cependant, s'étant enhardis, s'approchèrent, et le petit chien, comme pour se faire pardonner l'accueil peu aimable qu'il leur avait fait, se mit à sauter autour d'eux et à faire mille gentillesses. Ses jolies façons lui concilièrent bientôt les bonnes grâces des enfants. Léon, qui avait honte de la poltronnerie qu'il avait montrée après avoir pris des airs si victorieux, lui gardait encore rancune. Car ce que nous pardonnons le moins aisément aux autres, c'est de nous avoir exposés à un ridicule. Cependant, Pilate lui fit tant d'avances, qu'il fut impossible au jeune garçon de lui tenir rigueur. Au bout de peu d'instants, les griefs étaient oubliés, et tout le monde était dans la meilleure intelligence.

— A présent, Pilate, dit François en s'adressant au chien, ce n'est pas le tout. Pour vous faire pardonner tout à fait vos torts, il faut montrer vos talents à la compagnie. Car, il faut vous dire, mes jeunes maîtres, ajouta-t-il en s'adressant aux enfants, que Pilate a vu le monde et a reçu une très-brillante éducation ; vous allez, d'ailleurs, en avoir la preuve.

Étant alors entré dans l'étable, il en revint presque aussitôt en tenant un bâton dans sa main. Il l'étendit horizontalement devant lui, à un pied environ au-dessus du sol, puis, parlant à son chien :

— Allons, Pilate, lui dit-il, saute. Hop ! allons, hop-là !

Le chien fit d'abord quelques façons. Comme tous les grands génies, il avait parfois des fantaisies ; et, ce jour-là, il ne paraissait pas disposé à se livrer au genre d'exercice que son maître lui proposait. Mais François ayant élevé la voix et réitéré ses ordres sur un ton de menace, il s'exécuta. Il alla, comme pour prendre son élan, se placer à une certaine distance, puis, courant vers le bâton, il sauta par-dessus. Sur l'invitation de son maître, il recommença plusieurs fois cette gymnastique et toujours avec le plus grand succès, quoique François haussât, à chaque fois, le bâton de quelques pouces.

Les enfants étaient charmés de l'intelligence et de l'agilité de Pilate ; mais ils ne connaissaient encore qu'une faible partie de ses connaissances, lesquelles étaient extrêmement variées.

— Maintenant, Pilate, dit François, vous allez nous donner une idée de vos sentiments politiques.

Mais, faites attention ! car, si vous manifestez des opinions subversives, vous serez dénoncé à M. le Préfet, lequel pourrait bien vous envoyer coucher en prison. Allons, Pilate, sautez pour l'empereur. Hop !

Pilate sauta avec tant d'enthousiasme qu'il s'éleva en l'air à plus d'un pied au-dessus du bâton.

Il ne sauta pas avec moins d'énergie pour l'impératrice et pour le prince impérial.

— Actuellement, s'écria François, un saut pour l'empereur d'Autriche !

Le chien courut jusqu'au bâton ; mais, arrivé là, il s'arrêta court ; puis, se retournant, il leva la jambe, indiquant sa pensée par ce geste malhonnête, mais très-significatif [1].

— Puisque vos opinions, dit alors François, ne vous permettent pas de sauter pour l'empereur d'Autriche, vous sauterez bien du moins pour le garde champêtre ? Allons, hop !

Pilate s'arrêta encore auprès du bâton, se retourna comme il venait de le faire, et leva la jambe. Mais, cette fois, ne trouvant pas sans doute le geste assez énergique, il y ajouta l'action.

Dès lors, on ne pouvait conserver aucun doute

---

[1] Il faut savoir que ceci se passait à l'époque de la guerre d'Italie. Les sentiments de Pilate se sont beaucoup modifiés depuis.

sur les sentiments que le fonctionnaire public inspirait à Pilate.

Pour expliquer cette antipathie qu'il venait de manifester d'une manière si expressive, il faut dire qu'en compagnie de son maître et instituteur François, il exerçait quelquefois le braconnage, et qu'ils avaient eu souvent tous deux maille à partir avec l'humble ministre de la loi qu'on appelle garde champêtre.

— Il fait encore bien des tours, dit François ; mais il ne faut pas tout épuiser en un jour, et puis il est fatigué. Une autre fois, il vous fera voir le reste.

— Vous nous avez dit, répliqua Léon, qu'il avait vu le monde. Vous avez donc voyagé avec lui ?

— Non, répondit François ; moi, je n'ai guère quitté mon village. Mais lui, il a vu l'Espagne et la France, et peut-être beaucoup d'autres pays encore.

— Racontez-nous son histoire, demanda Marie.

— Je le veux bien, répondit François. Voyez-vous, mademoiselle, ce chien n'est pas Français. Il est né dans une ferme aux environs de Madrid. Il vint au monde avec cinq ou six autres frères. Le fermier, qui avait chez lui autant de chiens qu'il en avait besoin, résolut de se défaire de tous les nouveau-nés. Il donna ordre à un de ses domestiques de leur donner la mort ; et celui-ci, les ayant enlevés à leur mère, les porta jusqu'à une mare où il les jeta. Les pauvres petites bêtes nagèrent longtemps et se consumèrent en efforts pour se dérober à leur destinée; mais ce fut en vain, ils périrent tous, à l'exception toutefois de celui-ci qui, plus fort ou plus intelligent que les autres, parvint à regagner la rive.

Cela ne l'eût guère avancé; il y serait mort sans doute de froid et de faim. Mais, heureusement pour lui, en ce moment-là vint à passer sur le chemin, le long duquel se trouvait la mare, une troupe de bateleurs. Ils revenaient de Madrid et se rendaient à une ville voisine où ils se proposaient de donner des représentations. Ils avaient une troupe nombreuse de chiens savants, et c'était par les tours qu'ils enseignaient à ces bêtes qu'ils réussissaient le mieux auprès du public. Un d'eux entendit les plaintes lamentables que poussait le pauvre noyé. Il s'approcha et, reconnaissant par son espèce qu'il pourrait en tirer parti, il l'emporta, le réchauffa et, par ses soins, réussit à lui sauver la vie. A partir de ce jour, il fut associé aux destinées de la tribu errante. Quand il fut un peu plus grand on s'occupa de son éducation, et il montra tant d'intelligence et de docilité qu'il devint en peu de temps un des acteurs les plus distingués de la troupe.

Parmi les pièces que représentaient ces saltimbanques, il y en avait une qui ne manquait jamais son effet auprès du public. Elle attirait toujours la foule et était chaque fois couverte d'applaudissements. C'était la Passion de Notre-Seigneur. Le Sauveur, les Apôtres étaient représentés par des hommes ; mais c'étaient des chiens qui faisaient les rôles de Caïphe, de Pilate et de la foule des Juifs. Celui dont je vous raconte l'histoire jouait le personnage de Pilate, et c'est de là que lui vient son nom : vous voyez qu'il était chargé d'un des rôles les plus importants de la scène, et cela vous donne une idée du degré de considération dont il jouissait. Pilate visita ainsi la plupart des villes de l'Espagne, recevant partout du public l'accueil le plus flatteur.

Il vint alors au chef de la troupe l'idée de franchir les Pyrénées et de venir donner des représentations en France. Il réussit bien d'abord ; mais, au bout de quelque temps, le malheur sembla s'attacher à lui. Soit que le climat ne leur convînt pas, soit toute autre cause inconnue, la plupart de ses chiens savants tombèrent malades et moururent. Il ne put les remplacer assez vite, et il fallut suspendre les représentations qui donnaient le plus clair bénéfice. La troupe alors tomba dans la plus profonde misère : on dut se disperser, pour chercher à vivre séparément. Le chef, resté seul, songea à regagner l'Espagne. Il prit Pilate, qui avait échappé seul au sort de ses confrères, et s'achemina lentement vers sa patrie. Dans les villes et dans les bourgs qu'il traversait, il faisait sauter Pilate, tantôt pour tel personnage, tantôt pour tel autre, et il gagnait ainsi quelques sous qui l'aidaient à vivre et lui permettaient de continuer sa route. Sans cette ressource, qu'il devait à son chien, il fût mort sur les grands chemins de misère et de faim. Mais il ne put atteindre l'Espagne; il tomba, à l'entrée de notre village, épuisé de fatigue et grelottant la fièvre. C'est là que je le trouvai, un soir, en revenant du travail. Pilate était auprès de lui, lui léchant la figure et les mains et faisant entendre de petits hurlements plaintifs. Une grande pitié s'empara de moi; je m'approchai de cet homme et je l'interrogeai pour savoir quel service je pourrais lui rendre. Mais il était si faible qu'il ne pouvait répondre. J'allai alors chercher une civière, et, appelant un de nos voisins, je retournai avec lui auprès de ce malheureux. Nous le mîmes sur la civière et nous le transportâmes chez ma mère où je le déposai sur mon lit. Un peu de vin que je lui fis prendre le ranima; il me raconta sa triste histoire, et j'espérai, un moment, en voyant les couleurs de la vie reparaître sur son visage, que nous parviendrions à le sauver. Mais c'était une illusion qui ne tarda pas à s'évanouir. Il retomba en faiblesse et, à partir de ce moment, il ne recouvra plus l'usage de la parole. Un peu avant de mourir, il fit avec la langue un léger sifflement. Pilate comprit cet appel et sauta sur le lit. Le malade caressa le chien d'une main tremblante; ce fut son dernier effort : quelques minutes après il avait rendu le dernier soupir. Il fut enterré le lendemain.

C'est ainsi que je restai en possession de Pilate, et depuis nous nous sommes si bien attachés l'un à l'autre que rien ne pourra nous séparer. N'est-ce pas ? Pilate.

Pilate leva les yeux sur celui qui l'interpellait; il agita la queue, remua son corps et fit une pantomime si expressive, qu'on ne pouvait douter, après l'avoir vue, qu'il n'eût compris la question et qu'il n'y répondît affirmativement.

— Voilà plus de deux ans, ajouta François en finissant, que ces évènements se sont passés. Eh bien ! Pilate n'a pas encore oublié son ancien maître. Toutes les fois qu'il passe auprès du cimetière, il pousse les mêmes hurlements plaintifs qui frappèrent mon attention, quand je les rencontrai tous deux pour la première fois.

Les enfants avaient écouté ce récit avec une extrême attention. Quand il fut achevé, ils entrèrent dans les étables qu'ils visitèrent. On venait de remplir les râteliers, et tous les animaux étaient occupés à faire leur repas. Il y avait là des bœufs, des vaches, quelques-unes avec leurs veaux. Tous ces animaux,

avec leurs longues cornes, effrayaient un peu les
enfants; mais, quand ils virent François qui passait
au milieu d'eux, les prenait par les cornes et semblait n'éprouver aucune crainte, ils se rassurèrent
et finirent par se familiariser si bien avec ces nouvelles connaissances qu'ils allèrent jusqu'à les caresser avec la main. Les grands bœufs les regardaient avec leurs gros yeux étonnés, tristes et doux.
Il y avait un petit veau, âgé au plus de huit jours,
qui les amusa beaucoup; il était fort joli et était
marqué d'une étoile blanche sur le front. Il tétait
en ce moment sa mère, et, ce qui effraya d'abord
les enfants, il lui donnait dans les mamelles de
grands coups de tête.

— Est-ce qu'il ne va pas la blesser? demanda
Léon à François.

— Non, non, ne craignez rien, monsieur Léon,
répondit celui-ci. C'est le bon Dieu qui lui a enseigné cela et ce que le bon Dieu enseigne aux enfants
ne peut être nuisible aux parents. Il donne les coups
de tête pour faire descendre le lait dans les mamelles de sa mère, quand il a épuisé celui qui s'y
trouvait.

Lorsque le petit veau eut fini de téter, il se rap-
procha du râtelier auquel sa mère était attachée,
et celle-ci se mit à le lécher avec sa langue. C'était
sa manière de le caresser.

4*

Toutes ces petites scènes, familières aux enfants des campagnes, mais presque entièrement inconnues à ceux des villes, excitaient au plus haut point la curiosité de nos petits campagnards improvisés.

En sortant de l'étable des bœufs, ils entrèrent dans la bergerie qui se trouvait tout à côté. Elle contenait, outre une centaine de brebis, un grand nombre de jeunes agneaux, dont le plus âgé avait un mois à peine. Les enfants furent charmés de l'air doux et caressant de ces petites bêtes qui, s'approchant d'eux, léchaient leurs mains et leurs habits. Mais ce qui les étonna singulièrement, c'est qu'au milieu de tant de brebis, toutes pareilles, et entre lesquelles, quant à eux, ils ne voyaient nulle différence, aucun des agneaux ne se trompait, lorsque, ayant besoin de téter, il voulait rejoindre sa mère. Chacun d'eux, sans commettre jamais d'erreur, reconnaissait la sienne au milieu du nombreux troupeau et allait la trouver sans hésitation. Il en était de même des mères, qui distinguaient tout de suite leurs petits au milieu de tous les autres et ne se trompaient jamais. Ce phénomène paraissait inexplicable aux enfants et il est, en effet, bien singulier. Tout ce qu'on peut dire, c'est que Dieu a probablement donné à ces animaux des sens plus exacts que les nôtres, et qu'ils trouvent des différences là où nous n'en voyons aucune.

Léon jouait de malheur, ce jour-là, et il semblait qu'un sort malin s'attachât à lui pour lui faire expier ses fanfaronnades passées. Il aperçut dans un coin de la bergerie un bélier qui, debout et dans une attitude fière, le considérait attentivement. Il voulut aller à lui pour le caresser, comme il avait déjà caressé les brebis. Il n'était plus qu'à quelques pas de l'animal, lorsque celui-ci, baissant la tête, fit mine de vouloir le charger. Léon alors tourna le dos pour s'enfuir, et le bélier courant sur lui, lui donna par derrière un coup de tête qui l'étendit tout de son long par terre. Après avoir fait ce bel exploit, l'animal retourna tranquillement à sa place. Tous les enfants s'empressèrent autour de Léon qui se relevait en disant mille injures au bélier. Mais quand ils eurent reconnu qu'il ne s'était fait aucun mal dans sa chute, et que le coup que lui avait porté l'animal, eu égard à l'endroit où il avait été donné, était plus ridicule que dangereux, ils se permirent de se moquer un peu de sa mésaventure. C'est ainsi que notre ami Léon apprit à ses dépens qu'un bélier n'est pas une brebis.

Après avoir visité la basse-cour et les étables, les quatre enfants sortirent dans la campagne. Pilate, qui était devenu tout à fait leur ami, leur tenait compagnie ; il les précédait, courant joyeusement devant eux, puis revenant, quand il reconnaissait qu'il les avait laissé trop en arrière. Il portait sa queue en trompette et paraissait le chien le plus content du monde. Ils prirent le premier chemin qui s'offrit à eux, et bientôt ils se trouvèrent devant un joli ruisseau, qui coulait à travers des prairies tout émaillées de fleurs et dont les bords étaient couverts d'osiers, d'aunes et de saules. En appercevant ces eaux claires et fraîches, une idée vint tout à coup à Léon qui le fit sauter de joie.

— Si nous pêchions? s'écria-t-il.

— Que veux-tu pêcher dans ce ruisseau? demanda Marie. Est-ce qu'il y a des poissons? et d'ailleurs, où trouver des lignes?

— Nous n'avons point de lignes, répliqua Léon, et je crois qu'il n'y a point de poissons. Mais il pourrait bien y avoir des écrevisses.

— Et quand même il y aurait des écrevisses, dit judicieusement le petit Jules en se mêlant à la conversation, comment les prendre?

— C'est là la difficulté, répondit Léon; mais sachons d'abord si ce ruisseau contient des écrevisses. Voici là-bas un petit paysan qui pourra nous le dire.

En effet, un jeune garçon, qui paraissait avoir treize ou quatorze ans, s'avançait vers eux en suivant un sentier qui longeait les bords du ruisseau.

— Dites-moi, mon ami, demanda Léon au jeune

paysan, quand il fut arrivé tout près d'eux, y a-t-il des écrevisses dans ce ruisseau?

— Je crois bien qu'il y en a! répondit celui-ci; il y en a même beaucoup et de très-belles, à preuve que j'en ai pêché bien souvent.

— Nous voudrions bien aussi en pêcher, ajouta Léon; mais nous ne savons comment nous y prendre.

— Dame! monsieur, dit le jeune garçon, je vous prêterais bien volontiers mes poêlettes, mais elles sont chez nous, à plus d'une demi-heure d'ici.

— Qu'est-ce que c'est que cela, des poêlettes? demanda Léon.

— Pardi, monsieur, répondit Pierrot (c'était le nom du petit paysan), c'est censément la ligne avec laquelle on pêche les écrevisses. Ça ressemble au bassin d'une balance; on met dedans de la viande un peu gâtée et on descend le tout au fond de l'eau, en ayant soin de fixer sur le bord, au moyen d'une pierre, la corde à laquelle est suspendu ce qui dans la poêlette représente le bassin de la balance. Les écrevisses sont attirées par l'odeur de la viande et s'entassent dessus pour en manger. On retire alors les poêlettes et avec elles les écrevisses. Mais cette pêche ne se fait pas pendant le jour; elle ne réussit que la nuit, par un beau clair de lune; c'est surtout alors que ces animaux se promènent et vont à la maraude.

— Quel dommage, dit Marie, que nous n'ayons pas de poêlettes et que nous ne puissions pas du moins essayer !

— Dame ! mam'zelle, dit Pierrot, il y aurait peut-être bien un moyen de prendre tout de même des écrevisses :

— Quel moyen ? dit Léon.

— Il faudrait, répondit Pierrot, barrer le ruisseau et mettre son lit à sec. Quand les écrevisses manquent d'eau au fond de leurs trous, vous pensez comme elles sont étonnées. Elles en sortent comme pour examiner ce qui se passe, et alors on peut les prendre avec la main.

— Oui, dit Léon ; mais comment barrer le ruisseau ? ce n'est pas une entreprise aisée.

— Oh ! dit Pierrot, si j'avais seulement une bêche, ce serait bientôt fait.

— Une bêche ! s'écria Léon étonné, et que feriez-vous avec une bêche ?

— Dame ! monsieur, je couperais des mottes de gazon, et avec ces mottes et les pierres du ruisseau, je ferais un barrage.

— C'est juste, s'écria Léon, qui avait saisi tout de suite cette idée ingénieuse. Mais nous pouvons nous procurer des bêches en retournant à la maison. Veux-tu venir avec moi, Pierrot ?

— Je le veux bien, répondit celui-ci.

Et les deux enfants coururent ensemble à Coarraz, laissant Marie, Camille et Jules sur les bords du ruisseau.

Dix minutes s'étaient à peine écoulées, qu'on les vit revenir portant chacun une bêche sur leurs épaules.

— Allons, dit Léon, mettons-nous tout de suite à l'ouvrage.

Et, pour donner l'exemple, il se mit à tailler des plaques de gazon. Pierrot l'imita, et on peut croire que ce n'était pas lui qui avançait le moins la besogne. Il s'y prenait mieux que Léon, ayant plus que lui l'habitude de se servir de ses bras. A mesure que nos jeunes ouvriers enlevaient de terre les mottes de gazon, Marie, Camille et Jules les prenaient et allaient les entasser sur les bords du ruisseau. Quant à Pilate, il avait d'abord essayé de s'expliquer le but de tout le mouvement que se donnaient ses nouveaux amis. Mais, comme il vit qu'il n'y réussissait point, il en prit philosophiquement son parti, et, se couchant sur l'herbe, le museau entre les pattes, il s'endormit paisiblement sans chercher plus longtemps le mot d'une énigme indéchiffrable.

Lorsque les enfants eurent réuni une quantité de plaques de gazon qui leur parut suffisante, ils se mirent en devoir de procéder à l'opération du barrage. Léon et Pierrot quittèrent leurs souliers et leurs bas, relevèrent leurs pantalons jusqu'aux genoux et entrèrent dans le lit du ruisseau. L'eau en était très-froide, ce qui fit faire d'abord quelques grimaces à Léon. Mais il ne tarda pas à s'accoutumer à cette température et se mit avec ardeur à l'ouvrage en compagnie du fidèle et serviable Pierrot qui, d'ailleurs, prenait lui-même grand intérêt à la chose. Il construisit dans le lit du ruisseau, avec les cailloux qu'il y trouva en abondance une espèce de mur qui joignait les deux rives. C'était un premier obstacle à l'écoulement de l'eau; mais il était insuffisant, parce qu'elle trouvait un passage dans les intervalles que laissaient entre eux les cailloux. C'était précisément à cet inconvénient que les mottes de gazon devaient remédier. Il les plaçait entre les pierres, et, pétrissant un peu la terre, il s'en servait comme de mortier pour boucher tous les trous et jusqu'aux moindres fissures, par où l'eau pouvait s'échapper.

Au bout d'une heure à peu près employée, à ce travail, ils virent qu'ils avaient réussi. L'eau ne s'écoulait plus à travers la digue, et le ruisseau était à sec. Léon et Pierrot, passablement fatigués, s'assirent alors sur la rive auprès des autres enfants, et tous attendirent avec la plus vive impatience le résultat de leur ouvrage. Ils regardaient, le cou tendu, la tête penchée en avant. Le cœur leur battait violemment ; ils respiraient à peine. Tout à coup un cri de triomphe s'éleva ; une écrevisse venait d'apparaître ; elle fut bientôt suivie d'une autre, puis d'une troisième, enfin il en sortit un si grand nombre qu'on en voyait de tous côtés.

— Dépêchons-nous de les ramasser, s'écria Pierrot, avant que l'eau ne passe par-dessus la digue.

En disant ces mots, il se leva et Léon en fit autant. Jules entra aussi dans le lit du ruisseau et tous se mirent à ramasser les écrevisses. Il y en avait tant qu'ils firent un choix, ne prenant que les plus belles et dédaignant les plus petites, ou plutôt les laissant à dessein, afin qu'elles pussent grandir. A mesure qu'ils les prenaient, ils les rejetaient sur le rivage, où Marie et Camille les ramassaient et les mettaient dans un mouchoir noué par les bouts. Cette opération fut tout à coup interrompue par un cri de douleur poussé par le petit Jules.

Il avait pris une écrevisse sans précaution, et celle-ci avec sa longue serre l'avait pincé au doigt. Il montrait en pleurant sa main à laquelle le petit monstre était suspendu.

Viens ici, mon petit Jules, lui dit Marie ; je vais te débarrasser de cette vilaine bête.

Jules s'approcha de sa sœur, et celle-ci, ayant pris de chaque main les serres de l'écrevisse, les écarta et lui fit lâcher prise. Puis, elle donna un baiser au doigt malade et dit à son frère :

— Maintenant que te voilà délivré, retourne à la pêche ; mais aie soin de prendre les écrevisses par le milieu du corps. Tiens, comme cela, ajouta-t-elle en joignant l'exemple au précepte. Tu vois que de cette manière il n'y a aucun danger qu'elles te pincent.

Jules, déjà consolé, retourna auprès de Léon et de Pierrot, pour se livrer de nouveau à un exercice qui l'amusait beaucoup. Mais déjà les écrevisses devenaient rares, celles qu'on trouvait encore étaient de petite taille, et, pour la plupart, avaient été rejetées déjà une première fois. Les petits pêcheurs, mettant fin à leurs recherches, montèrent alors sur le bord. Il était temps. A peine y avaient-ils posé le pied que la digue se rompit tout à coup et que l'eau, lentement accumulée au-dessus du barrage, se répandit comme un torrent, inondant la place qu'ils occupaient il n'y avait qu'un instant.

Munis de leur butin, les enfants se disposaient à reprendre le chemin de la maison lorsque leur attention fut attirée par les mouvements étranges que se donnait Pilate. Sortant tout à coup du repos dans lequel il paraissait plongé, il s'était élancé vers le ruisseau et courant sur les bords, tantôt en descendant, tantôt en remontant, il se penchait sur l'eau, aboyant, gémissant, et donnant enfin tous les signes de la plus vive agitation.

— Qu'a donc Pilate? dit Marie qui l'observait depuis quelque temps. Est-ce qu'il devient fou ?

— Nenni, répondit Pierrot; mais il a flairé quelque bête, et il lui donne la chasse.

— Quelle bête? demanda Léon.

— Ma fi, monsieur, dit Pierrot, je n'en sais rien au juste. M'est avis pourtant que ça pourrait bien être un rat d'eau.

Au moment où Pierrot achevait ces mots, Pilate se mit à gratter la terre avec fureur. Il s'arrêtait un moment, enfonçait son museau dans le trou qu'il venait de faire, respirait bruyamment et se remettait à gratter avec une nouvelle ardeur. Pierrot s'approcha de lui :

— Cherche, mon chien, lui dit-il, cherche.

Et Pilate, excité par cet encouragement, poursuivait avec acharnement son ouvrage. Il faisait voler la terre à droite et à gauche, faisant entendre de temps en temps de petits gémissements qui témoignaient de son impatience.

— Cherche, lui disait toujours Pierrot, cherche, mon chien.

Déjà la mine que creusait Pilate était arrivée à une assez grande profondeur. Lorsqu'il cessait de gratter, on pouvait voir l'orifice d'un trou que l'intelligent animal suivait dans tous ses détours; ce trou, en effet, n'était point tracé en ligne droite, il avait plutôt une direction circulaire. Tous les enfants qui s'étaient approchés, suivaient avec un intérêt croissant le travail de Pilate. Il arriva un moment où le chien ayant flairé le trou, redoubla d'énergie. On sentait que le dénouement approchait. En effet, Pilate, poussant tout à coup un hurlement de joie, enfonça sa tête presque tout entière dans le trou. Il l'en retira aussitôt tenant dans sa gueule un animal que Pierrot, après l'avoir examiné, reconnut pour un rat d'eau.

Léon voulut, pour le voir de plus près, le prendre à Pilate. Mais Pierrot qui avait, à cet égard, plus d'expérience que lui, l'en détourna.

— Ne lui touchez pas, monsieur Léon, lui dit-il; ces bêtes-là, ça mord, et vous voyez que celle-là n'est pas encore morte.

On laissa donc à Pilate sa proie; mais il ne la garda pas longtemps. Aussitôt que le rat d'eau ne donna plus signe de vie, il le lâcha et ne s'en occupa plus. Comme Léon s'en étonnait, Pierrot, qui dans ce moment remplissait les fonctions de professeur d'histoire naturelle, lui expliqua que les chiens donnent la chasse à ces bêtes, les tuent quand ils les attrapent, mais qu'ils ne les mangent pas.

— Mais, s’ils ne les mangent pas, pourquoi alors les tuent-ils? demanda Léon.

Cette question embarrassa Pierrot qui, après s’être gratté la tête, répondit pourtant :

— Dame ! monsieur Léon, c’est probablement parce que le bon Dieu l’a voulu comme ça.

La réponse de Pierrot en valait bien une autre ; cependant Léon ne s’en contenta pas et il se promit d’interroger son père là-dessus.

Le soleil commençait à baisser, et les enfants songèrent à rentrer au logis. Ils prirent les écrevisses, les bêches et le rat d’eau, et s’acheminèrent vers Coarraz. A peine avaient-ils fait quelques pas dans cette direction, qu’ils aperçurent leurs parents qui s’avançaient à leur rencontre. M. et Mme Derville, un peu inquiets de leur longue absence, s’étaient informés de la route qu’ils avaient prise, et, ayant appris de François qu’ils étaient descendus vers le ruisseau, ils avaient dirigé eux-mêmes leurs pas de ce côté. Quand les enfants furent arrivés auprès de leurs parents, ils leur montrèrent, non sans orgueil, leur précieuse capture ; et, comme M. et Mme Derville les félicitaient de leur adresse :

— Oh! dit ingénument Marie, ce n’est pas à nous que doivent s’adresser vos compliments, mais à Pierrot, que voilà. Nous voulions pêcher des écrevisses, mais nous ne savions comment nous y pren-

dre. C'est lui qui nous a enseigné à faire une digue,
afin de mettre le ruisseau à sec et d'obliger les
écrevisses à sortir de leurs trous.

— Alors, dit M. Derville en souriant, je félicite
Pierrot. Et d'où es-tu, mon petit ami ? ajouta-t-il en
adressant la parole au jeune garçon.

— Je suis, mon général, répondit Pierrot, du
bourg d'Aramitz.

— Comment, ton général ! dit M. Derville étonné.
Ah çà ! mais tu me connais donc ! car en ce moment
je ne porte point d'épaulettes.

— Oh ! oui, répondit Pierrot, je vous connais
bien, vous êtes le général Derville. J'ai un frère qui
a servi dans votre régiment, lorsque vous n'étiez
encore que colonel.

— Et quel est ton nom de famille ? demanda M.
Derville.

— Gervais, répondit Pierrot.

— Gervais ! oui, dit M. Derville, comme se parlant à lui-même et en interrogeant ses souvenirs,
Etienne Gervais. Je me le rappelle fort bien ; c'était
un brave soldat et un bon sujet. Et qu'est-il devenu,
ton frère ?

— Mon général, répondit Pierrot, il est revenu
au pays avec la croix qu'il a gagnée à la guerre, et à
présent, il fait valoir le bien de notre mère.

— As-tu encore ton père ? demanda M. Derville.

— Non, mon général, dit Pierrot, nous l'avons perdu, il y a deux ans.

— Eh bien, écoute, mon garçon, dit M. Derville, la nuit approche, il faut que tu retournes chez toi, afin de ne pas causer d'inquiétude à ta mère. Mais souviens-toi de revenir demain me parler avec ton frère.

En faisant cette recommandation à Pierrot, M. Derville lui mit dans la main une belle pièce blanche, laquelle parut faire grand plaisir au jeune garçon. Il remercia le général, et, ayant salué tout le monde, il partit.

— Voilà un enfant, dit M. Derville, lorsque le petit paysan se fut éloigné, qui me paraît doué d'un heureux naturel, et, à en juger par les apparences, il appartient à une honnête famille. Je veux voir si je ne peux pas faire quelque chose pour lui.

En disant ces mots, M. Derville reprit avec sa femme le chemin de la maison, et tous les enfants les suivirent.

Pendant qu'ils revenaient, le petit Jules, qui avait voulu absolument porter les écrevisses et qui, de temps en temps, les examinait d'un œil curieux, s'écria tout à coup :

— Oh ! papa, regarde donc cette pauvre écrevisse ! Elle n'a qu'une patte.

— Cela ne doit pas t'étonner, mon enfant, lui répondit M. Derville, et parmi celles que tu portes il y en a probablement beaucoup d'autres qui sont dans ce cas. Les pattes des écrevisses sont fragiles, et le moindre accident peut les leur casser. Quelquefois, lorsqu'elles se sentent prises par une patte, elles se la cassent elles-mêmes pour échapper.

— Mais alors, dit Jules, elles sont estropiées.

— Sans doute, répliqua M. Derville, mais leur infirmité ne dure pas bien longtemps. Il leur pousse une seconde patte; cette reproduction est d'autant plus rapide que la température est plus chaude. Ce phénomène, qui est très-singulier, n'est pas au reste particulier aux écrevisses. Il a également lieu chez d'autres espèces d'animaux, par exemple, chez les salamandres, petits animaux aquatiques, chez les escargots, les vers de terre, les limaçons, les lézards, etc. Si un lézard se casse la queue par quelque accident, il lui en pousse une seconde. Lorsque tu seras plus grand, tu pourras apprendre, en étudiant l'histoire naturelle, qu'il y a dans la mer des espèces d'animaux chez lesquels s'opèrent des reproductions encore plus singulières. Ainsi, par exemple, on peut les couper en plusieurs morceaux et chaque morceau devient un nouvel animal, entièrement semblable au premier. Leur vie se multiplie par les moyens mêmes qu'on emploie pour la détruire. Ces animaux s'appellent les polypes.

— Quelle chose étonnante! s'écria Marie.

— Oui, dit M. Derville, très-étonnante, assurément, et très-merveilleuse. Mais la nature nous offre des milliers de merveilles semblables. Lorsqu'on l'étudie, on marche de miracle en miracle, et l'on est confondu de la puissance et de l'inépuisable fécondité de l'imagination divine. Mais, puisque nous en sommes sur l'article des écrevisses, n'est-ce pas aussi une chose bien extraordinaire que leur mue?

— Qu'est-ce que c'est, papa, demanda Léon, que la mue des écrevisses?

— C'est, répondit M. Derville, la chute annuelle de leurs écailles, de toutes leurs parties osseuses et cartilagineuses. Car il faut que vous remarquiez que les os qui, dans presque tous les animaux se trouvent à l'intérieur du corps, sont, chez les écrevisses, et en général chez les crustacés, placés à l'extérieur. Ils forment comme une espèce de corset qui, enveloppant les chairs, les préserve du choc des corps trop durs. Mais, à mesure que l'animal grossit, son corset devient de plus en plus étroit, et il faut qu'il en change pour le remplacer par un autre plus large et mieux assorti à sa taille. C'est ce qu'on appelle la mue, mot qui signifie changement.

Les écailles des écrevisses ne tombent pas avant le mois de mai ni après celui de septembre. Quelques jours avant ce grand évènement, l'animal commence à s'y préparer par une diète absolue. C'est ainsi que les médecins prescrivent le régime au malade, quand ils doivent lui faire quelque grave opération. Lorsque le moment décisif est arrivé, l'écrevisse frotte ses jambes l'une contre l'autre, se renverse sur le dos, replie et étend sa queue, agite ses cornes. Elle se donne tous ces mouvements pour se détacher de l'écaille. Pour en sortir, elle gonfle son corps et la fait éclater. C'est la partie postérieure du corps qui se détache la première ; ensuite la partie antérieure, puis la queue. La mue est toujours pour les écrevisses une crise redoutable. Quelques-unes en meurent, surtout parmi les plus jeunes. Après cette transformation, elles restent faibles, languissantes. Mais cet état ne dure pas longtemps ; au bout de quelques jours, quelquefois après vingt-quatre heures, elles sont pourvues d'une nouvelle écaille.

Un grand nombre d'animaux sont sujets au phénomène de la mue. Ceux qui sont velus changent de poil, les serpents et toutes les chenilles renouvellent leur peau, les oiseaux leurs plumes. Le bois qui orne la tête des cerfs tombe, et il leur en pousse un nouveau à la place de l'ancien, etc,. etc.

— De quoi se nourrissent les écrevisses ? demanda Léon à son père.

Elles sont très-voraces répondit M. Derville. Elles
mangent la chair pourrie de poissons morts ou
d'insectes. Elles se mangent même entre elles.
Celles qui muent, étant faibles et incapables de se
défendre, sont surtout fort exposées à servir de pâ-
ture aux autres. Mais elles jeûnent en hiver. Tapies
au fond de leurs trous pendant cette saison, elles
n'en sortent guère avant le printemps.

Puisque vous avez pu les observer tout à l'heure,
vous avez dû remarquer qu'elles ne vont pas à reculons, comme on l'a dit souvent et comme vous
l'entendrez sans doute répéter plus d'une fois. Mais
l'erreur est dans les mots plutôt que dans l'idée ;
la vérité est que, si les écrevisses vont comme les
autres animaux, en avant, elles fuient en arrière.
Lorsqu'elles se voient menacées, elles frappent vivement l'eau avec leur queue et ce mouvement les entraîne à reculons très-rapidement. Cette queue a
encore un autre usage ; sa partie inférieure est creusée en gouttière, et c'est là que l'écrevisse amon-
celle ses œufs.

Depuis quelque temps, Léon n'écoutait plus son
père. Il s'était souvenu qu'il avait une question à
lui adresser, celle qu'il avait déjà faite à Pierrot, et
à laquelle celui-ci avait répondu d'une manière qui

ne l'avait pas satisfait. Lorsque l'explication relative aux écrevisses fut terminée, il saisit le moment,
et s'adressant à son père :

— Papa, lui dit-il, Pierrot prétend que les chiens
tuent les rats et qu'ils ne les mangent pas. Cela est-
il vrai ?

— Parfaitement vrai, répondit M. Derville.

— Mais, s'ils ne les mangent pas, pourquoi les
tuent-ils ?

— As-tu fait cette question à Pierrot ?

— Oui, papa.

— Et qu'a-t-il répondu ?

— Que le bon Dieu l'avait voulu ainsi.

— Je trouve cette réponse très-sensée, dit alors
M. Derville, et je m'étonne qu'elle ne t'ait pas con-
tenté. Car, enfin, c'est le bon Dieu qui a donné au
chien cette antipathie pour le rat, antipathie telle
qu'il le poursuit et le met à mort sans intérêt, uniquement pour le plaisir de le tuer.

Mais, puisque cette réponse ne te satisfait pas,
je me doute que tu voudrais savoir pourquoi Dieu
a donné à certains animaux une si grande haine
pour certains autres.

— Oui, papa, c'est bien cela que je désirerais que
tu m'expliquasses.

Mon cher enfant, dit M. Derville, c'est une entreprise bien téméraire que de vouloir pénétrer les

desseins de Dieu. Presque toujours la faible intelligence de l'homme y échoue. Nous devons les adorer sans les comprendre. Cependant, pour ce qui regarde l'objet particulier de ta question, je crois pouvoir te faire entrevoir du moins une de ses raisons. Mais d'abord, il faut que tu remarques que tous les animaux qui errent sur la terre, volent dans l'air ou nagent sous les eaux, ont des ennemis toujours acharnés à leur destruction. La guerre, une guerre d'extermination semble être l'état naturel du monde où nous vivons. L'homme, qui est l'ennemi de tous les autres animaux, est en même temps à lui-même un cruel ennemi. Comme, grâce aux armes terribles que son industrie a inventées, il a peu de choses à redouter de la dent des bêtes féroces, il est une bête féroce pour lui-même et il se déchire de ses propres mains. Dans ces effroyables mêlées qu'on appelle des batailles, il répand son sang par torrents. Ainsi, aucun être vivant n'échappe à cette loi fatale. La terre est un champ de carnage où chaque animal donne et reçoit la mort.

Tu vois que ta question s'est élargie singulièrement; il ne s'agit plus maintenant de savoir pourquoi Dieu a donné au chien l'instinct de tuer le rat d'eau, mais pourquoi il a soumis le monde à cette loi universelle de destruction.

Eh bien! imaginons que, parmi tous les animaux, une seule espèce en soit exempte. Prenons, par exemple, le lapin. Dans le régime actuel, il a de nombreux ennemis. L'homme, le chien, le loup, le renard, le furet, etc., lui font une guerre continuelle, lui dressent des embûches et le tuent. Supposons donc que cet instinct qui les pousse à la destruction du lapin cesse tout à coup d'agir, et voyons ce qui va en résulter. Une conséquence évidente du nouvel état de choses, c'est que cet animal se multipliera prodigieusement. A l'abri désormais de tout péril, de toute chance de mort violente, prolongeant sa vie jusqu'aux extrêmes limites de la vieillesse, il remplira, il inondera la terre de sa postérité. Dès lors, plus de récoltes, plus de moissons; car le lapin, dont la race se sera accrue dans des proportions infinies les dévorera dans leur germe. L'homme, qui se nourrit principalement de blé, tous les animaux qui vivent d'herbages et de plantes ne trouveront plus de quoi subsister. La famine les détruira par milliers, ils finiront par disparaître de la surface de la terre.

Mais ces animaux eux-mêmes, soit pendant leur vie, soit après leur mort, servent de nourriture à d'autres espèces d'animaux, lesquelles périront aussi. Chaque race disparaîtra ainsi à son tour, et bientôt sur la terre dépeuplée, le lapin règnera seul et sans partage. Tu peux maintenant comprendre les raisons de cette loi terrible.

Chaque animal, en donnant la mort à un animal d'une espèce différente, défend à la fois et les intérêts de sa propre espèce et ceux de toutes les autres. Cette loi de destruction est en réalité une loi de conservation. Quelques individus périssent; mais les espèces subsistent et, au prix de quelques morts, Dieu conserve une multitude de vies. Il est vrai que tu peux me demander maintenant pourquoi Dieu, qui peut tout, n'a pas arrangé les choses autrement. Mais là, mon enfant, doit s'arrêter notre curiosité. Poussée plus loin, elle deviendrait impie et criminelle. C'est ici qu'il faut répondre comme Pierrot: « Dieu l'a voulu ainsi; » sa volonté a été certainement déterminée par des motifs pleins de sagesse et de bonté. Adorons-les sans les connaître.

Mais voilà assez de philosophie pour ce soir, dit M. Derville en finissant. Nous voici arrivés à la maison. Allons souper. Aussi bien, mes enfants, il me semble que vous devez avoir grand'faim.

III

Le lendemain, Pierrot fut exact au rendez-vous
que lui avait donné le général. Le soleil était à
peine levé, lorsqu'il arriva à Coarraz, accompagné
de son frère. M. Derville, qui avait lui-même des
habitudes très-matinales, ayant appris qu'ils demandaient à être introduits auprès de lui, donna
aussitôt l'ordre qu'on les fît entrer. Lorsqu'ils furent en sa présence, et après qu'Étienne Gervais
eut fait le salut militaire à son ancien colonel :

— Dites-moi, mon brave, demanda le général,
votre frère Pierrot vous est-il bien nécessaire chez
vous ?

— Non, mon général, répondit Étienne. Il rend
à la vérité quelques petits services; il soigne la
vache et mène paître une dizaine de brebis que
nous avons. Mais il y a à Aramitz un berger commun qui conduit au pâturage toutes les bêtes du
bourg ; nous pourrions aisément nous arranger

pour lui confier aussi les nôtres. Si nous ne l'avons pas déjà fait, c'est que nous avions Pierrot et qu'il fallait bien employer ce jeune gars à quelque chose.

— C'était très-bien vu et j'approuve votre arrangement, dit M. Derville. Il y avait à cela deux avantages : d'abord, Pierrot apprenait à se rendre utile, et ensuite, il ne restait pas livré à l'oisiveté.

— Oui, mon général. Oh ! sur cet article-là, nous n'entendons pas raison, la vieille mère et moi. Aussi, Pierrot sait très-bien que celui-là ne doit pas manger qui ne veut pas travailler.

— Excellente maxime ! dit M. Derville. Dans quelque condition que le ciel nous ait fait naître, il faut, en effet, travailler et rendre sa vie utile. Eh bien donc, ajouta-t-il, puisque vous pouvez vous passer de Pierrot, j'ai l'intention, moi, de le prendre à mon service, si vous y consentez. J'ai besoin d'un jeune garçon pour faire des commissions, aider le jardinier, etc., et Pierrot m'a paru propre à remplir cet office. Quels gages demandez-vous pour lui ?

— Des gages, mon général ? répondit Étienne ; nous n'en demandons point ; il ne sait pas assez bien travailler pour mériter des gages. Plus tard, je ne dis pas, nous verrons. Pour le moment, il sera nourri chez vous, mon général ; il apprendra le métier de jardinier. C'est assez pour payer les petits services qu'il vous rendra.

— Non, dit le général, je ne l'entends pas ainsi, je veux lui donner un salaire. Il aura, cette année, cinquante francs, et j'augmenterai la somme l'année prochaine, si je suis content de lui. Sait-il lire et écrire?

— Il sait un peu lire, répondit Étienne; mais il ne sait pas écrire.

— Il faut qu'il sache très-bien lire, écrire et compter, dit le général. Aussi j'aurai soin de l'envoyer tous les jours passer quelques heures à l'école du village.

Étienne, pénétré des bontés de M. Derville, le remercia avec effusion de ses intentions bienfaisantes, puis se tournant vers son jeune frère :

— Pierrot, lui dit-il, rends grâce à Dieu de t'avoir conduit hier sur la route des enfants du général. Car c'est à cela que tu devras le bonheur de ta vie, si tu sais profiter de ton heureuse chance.

Pierrot protesta qu'on n'aurait jamais de reproche à lui faire.

— Eh bien, mon garçon, lui dit M. Derville, puisque tout est réglé entre ton frère et moi, ton service commencera à partir d'aujourd'hui. Descends au jardin et mets-toi, dès à présent, à la disposition d'Antoine, le jardinier.

C'est ainsi que Pierrot fut admis au service de la famille Derville et devint un des hôtes de Coarraz.

Lorsqu'il eut quitté le cabinet du général, celui-ci congédia Étienne et descendit à la salle à manger, où il trouva sa femme et ses enfants qui l'attendaient pour se mettre à table. L'heure du déjeuner était déjà sonnée depuis quelque temps. Lorsque tout le monde eut pris place, le général raconta la visite qu'il avait reçue et les résultats qu'elle avait eus. Tous les enfants furent charmés d'apprendre que Pierrot ferait désormais partie de la maison. Car cet honnête garçon avait, la veille, complètement gagné leurs bonnes grâces par son bon caractère et sa complaisance.

— Papa, dit alors Léon, l'idée que Pierrot va être employé au jardin me fait songer à une demande que je veux te faire.

— Quelle est cette demande? dit M. Derville.

— C'est, dit Léon, de nous donner un terrain, pour y faire un jardin que nous cultiverons nous-mêmes.

— Oh! oui, papa! s'écrièrent à la fois Camille, Marie et Jules, donne-nous un jardin.

— Très-volontiers, mes enfants, répondit M. Derville. Je souscris avec plaisir à votre requête; car je suis d'avis que, lorsqu'on habite la campagne, il faut s'intéresser à ses travaux; et le moyen d'y prendre intérêt, c'est de s'y employer soi-même et d'y mettre la main, suivant la mesure de ses forces et de ses connaissances. Après déjeuner, nous irons choisir un emplacement convenable ; j'en ai déjà un en vue qui, je le pense, fera très-bien votre affaire. Mais que prétendez-vous cultiver dans ce jardin ?

— Moi, dit Marie, je veux y cultiver des fleurs, afin d'en faire des bouquets pour la chambre de maman qui les aime beaucoup.

— Moi aussi, dit Camille, je veux faire des bouquets pour maman, et je cultiverai aussi des fleurs.

— Oh ! moi, dit Léon, je me soucie bien des fleurs ! c'est agréable, sans doute, mais au fond ce n'est bon à rien. J'aime mieux le solide ; je planterai des arbres qui me rapporteront de beaux et bons fruits ; je cultiverai des fraises. Maman les aime aussi beaucoup.

Cette idée de fraises fit une profonde impression sur l'imagination de la petite Camille, et peu s'en fallut qu'elle n'abandonnât sa sœur et ne se rangeât du côté de Léon. Cependant, les fleurs l'emportèrent à la fin. Quant à Jules, il adopta sans hésiter l'idée de son frère et déclara qu'il voulait aussi cultiver des fruits.

— Je n'ai point, dit madame Derville, à prendre parti dans cette discussion ni à disputer de vos goûts. Cependant, je ne puis laisser passer la condamnation que Léon a portée contre les fleurs. J'aime les fleurs et je les défends lorsqu'on les attaque. Tu dis, Léon, que les fleurs ne sont bonnes à rien ; en es-tu bien sûr ?

— Dame ! maman, je ne vois pas à quoi elles peuvent servir, répondit Léon.

— Penses-tu vraiment, dit madame Derville, que la grâce, l'élégance, la beauté ne jouent dans ce monde aucun rôle utile ?

— Ma foi, maman, répondit Léon ingénument, j'avoue que je n'ai guère réfléchi à cela.

— Eh bien, dit madame Derville, veux-tu qu'à propos des fleurs, qui sont la beauté, la grâce et l'élégance même, nous examinions ensemble cette question intéressante ?

— Je ne demande pas mieux, maman, répondit Léon.

— Je vais d'abord, continua Mme Derville, te faire une concession ; je conviens que les fleurs ne sont pas utiles à la manière des fraises. Mais quand elles ne serviraient qu'à récréer la vue de l'homme et à remplir son esprit d'images gracieuses et riantes, crois-tu que ce ne serait pas là une utilité très-réelle ? Je suppose que je me lève un matin avec des dispositions aux idées sombres et que la vue des fleurs, dont Marie aura paré ma chambre, parvienne à dissiper ces nuages et à rendre à mon esprit sa sérénité accoutumée, n'es-tu pas d'avis que les bouquets de ta sœur auront été, ce jour-là, bons à quelque chose ? Pour moi je regarde leur effet, dans cette occasion et dans d'autres semblables, comme très-supérieur en utilité à tous ceux que pourraient produire tous les plats de fraises du monde.

—Il me semble, maman, dit Léon, que tu as raison.

— Te figures-tu, mon enfant, continua madame Derville, ce que serait le monde dépouillé de cette décoration magnifique dont Dieu, dans sa bonté, a daigné l'embellir, privé de cette verdure, de cette diversité infinie de couleurs, de ces mille accidents de terrain, vallées, collines, montagnes, vieux rochers suspendus dans les airs et menaçant les plaines ? Toutes ces choses sont, comme les fleurs, des ornements, et n'ont, comme elles, aucune utilité immédiate et apparente. Il en est de même du murmure des ruisseaux, du chant des oiseaux, de leur plumage si varié, enfin de mille autres choses qui, si l'on en juge comme toi, ne servent à rien. Avoue cependant que, si tout cela venait soudain à disparaître, le monde y perdrait quelque chose.

— Il y perdrait même beaucoup, dit Léon.

— Au lieu de ce spectacle varié, sans cesse nouveau, continua madame Derville, qu'il offre à nos regards, il ne présenterait partout qu'une effrayante et morne uniformité. Cette demeure magnifique que Dieu a donnée à l'homme et qui éclipse la splendeur des palais les plus somptueux se transformerait tout à coup en une affreuse prison. Cet énorme changement dans le monde physique en amènerait immédiatement un autre dans le monde moral. Ces pompes de la nature sont comme un dernier vestige de l'antique paradis terrestre, et il semble qu'elles aient encore le pouvoir de rappeler à l'homme l'âge d'innocence, et de lui en inspirer les sentiments et les mœurs. Elles élèvent ses pensées vers Dieu, calment les agitations de son cœur et adoucissent ses instincts farouches. Si son âme n'était plus distraite par cette variété d'objets, ou gracieux ou sublimes, qu'il a maintenant sous les yeux, si son imagination n'en était plus égayée, il tomberait dans une noire mélancolie; il deviendrait idiot ou sauvage. Tu dois voir maintenant l'utilité de cette parure charmante que Dieu a donnée à l'univers, et, par conséquent, l'utilité des fleurs qui en forment la partie la plus gracieuse et la plus élégante. C'est comme une carresse de Dieu, comme un sourire que, du haut de son trône, il adresse à l'homme pour le soutenir et le consoler dans les cruelles épreuves de cette vie. Sans cette dernière miséricorde il succomberait au désespoir.

Pour moi, mon enfant, dit madame Derville en

finissant, s'il fallait opter entre la rose et la fraise, je t'avoue que je n'hésiterais pas un moment. Dussent tous les gourmands me maudire jusqu'à la dernière postérité, je choisirais la rose sans balancer.

— Ce serait cependant bien dommage, dit Léon.

— Je n'en disconviens pas, répondit en souriant madame Derville. Heureusement, il n'est pas question de faire un pareil choix. Cultive tes fraises, mais laisse ta sœur cultiver ses roses. Apprends à ne point précipiter tes jugements, et pense désormais que dans les œuvres de Dieu l'utile se trouve toujours sous l'agréable. L'utile peut quelquefois n'être pas beau ; mais le beau est toujours utile.

Remarque d'ailleurs que je t'ai ménagé ; je n'ai voulu envisager les fleurs que par rapport à leurs effets décoratifs, ainsi que tu l'as fait toi-même, et je me suis privée ainsi volontairement des meilleurs arguments de ma cause. J'aurais pu te confondre tout de suite en te faisant observer qu'il n'y a point de fruits, par conséquent point de fraises sans fleurs; que c'est par la fleur que se forme le fruit. Enfin, j'aurais pu aussi te faire remarquer que les fleurs nourrissent une multitude de petits animaux dont quelques-uns sont très-utiles, comme l'abeille, par exemple. Tu n'ignores pas que c'est avec le suc des fleurs que ce précieux insecte compose son miel, et, sous ce rapport du moins, tu ne peux nier son utilité.

6

— Oh! maman, dit Léon, je vois depuis longtemps que j'ai parlé comme un étourdi, sans réfléchir.

— Eh bien! dit M. Derville, puisque tu en conviens, ta maman ne poussera pas plus loin son apologie des fleurs. Tu en avais parlé trop dédaigneusement, elle les a vengées. Maintenant, allons choisir l'emplacement de votre jardin.

Tout le monde se leva de table. On sortit sur la terrasse et, de là, on descendit au jardin. A gauche, en dehors de son enceinte, il y avait un terrain libre, d'une assez grande étendue, qui restait en friche, parce qu'Antoine, le jardinier, n'avait pas jugé à propos de l'enclaver dans son domaine qu'il trouvait déjà suffisamment étendu. C'est là que M. Derville conduisit ses enfants.

— Voilà, leur dit-il en leur montrant cet espace libre, l'emplacement que j'avais en vue pour vous. Il est exposé au midi ; ce mur le défend contre les vents du nord. Il me semble qu'il a toutes les qualités que vous pouvez désirer.

Les enfants déclarèrent qu'il était parfaitement choisi.

— Eh bien, mes enfants, dit M. Derville, vous pouvez, dès à présent, vous mettre à l'œuvre. Je vais vous envoyer par Pierrot tous les outils dont vous pouvez avoir besoin ; et, comme je suppose que le défrichement du terrain sera pour vous une tâche un peu rude, je vous autorise à garder ce garçon avec vous. Il vous aidera de ses bras et peut-être aussi de ses conseils ; car il doit être plus habile que vous dans le travail de la terre.

En disant ces mots, M. Derville s'éloigna et les enfants demeurèrent un moment seuls. Mais ils ne tardèrent pas à voir arriver Pierrot chargé d'une multitude d'outils ; il distribua à chacun d'eux une bêche, une binette et un sarcloir, en se réservant pour lui-même un instrument de chaque espèce. Il y avait aussi deux arrosoirs, l'un assez lourd pour Léon et Jules, l'autre plus léger pour Marie et Camille. Tous les enfants se mirent aussitôt à l'ouvrage ; mais ce n'était pas l'affaire d'un jour, et, comme dès le lendemain ils durent recommencer leurs études interrompues par le voyage, et qu'en conséquence ils ne purent consacrer à leur jardin que le temps de leurs récréations, le travail avança lentement, quelque ardeur qu'ils y missent. Cependant, au bout d'une semaine environ le terrain était défriché et soigneusement débarrassé de toutes les pierres qu'il pouvait contenir. Ils dessinèrent ensuite les plates-bandes et les carrés et tracèrent les allées.

Jusqu'alors l'ouvrage s'était fait en commun ; mais, comme les cultures auxquelles ils devaient se livrer étaient différentes, ils jugèrent à propos de se partager le terrain, et naturellement le travail fut divisé. Ils séparèrent leur petit domaine en deux parties égales dont l'une fut attribuée à Léon et à Jules, et l'autre à Marie et à Camille. Que ce partage se soit fait sans aucune contestation, c'est ce que je ne voudrais pas dire, de peur de mentir. Les filles prétendaient que leur terrain était moins bon que celui des garçons ; les garçons, de leur côté, soutenaient que c'était celui des filles qui l'emportait en qualité ; il y poussait aussi, au dire de Léon, moins de mauvaises herbes. Un cerisier qui croissait dans le lot des garçons fut surtout l'objet de très-longs débats. Mais ils finirent par s'entendre, et c'est là l'essentiel. Au milieu du jardin, ils laissèrent un espace libre assez large pour faciliter la circulation. C'était un terrain neutre.

Après avoir dessiné leurs allées, Marie et Camille les gazonnèrent pour les rendre plus propres et plus faciles à entretenir. Elles avaient trouvé cette méthode dans un ouvrage de madame Millet-Robinet, intitulé la *Maison rustique des Dames*, lequel faisait partie de la bibliothèque de madame Derville, et elles l'avaient jugée très-ingénieuse. Elles semèrent donc dans leurs allées du gazon fin, en y mêlant un peu de petit trèfle blanc. De chaque côté, le long de leurs plates-bandes, elles formèrent un sentier qu'elles tinrent toujours propre, au moyen de grattages. De cette façon, elles n'avaient, au lieu de toute l'allée, qu'un étroit espace à entretenir. En outre, ces petits sentiers, toujours très-bien nettoyés, offraient un aspect agréable. Ils avaient aussi l'avantage de leur permettre de circuler autour de leurs plates-bandes, sans se mouiller les pieds, lorsque l'herbe était humide de pluie ou de rosée.

Léon et Jules ne jugèrent pas à propos d'employer cette méthode; ils se contentèrent de sabler leurs allées; mais ils eurent lieu de regretter dans la suite de n'avoir pas imité leurs sœurs. Car ils avaient beau gratter, les mauvaises herbes repoussaient toujours et leur lot était beaucoup moins bien tenu que celui de Marie et de Camille, quoiqu'ils dépensassent beaucoup plus de temps et de travail à le tenir en bon état.

Le jardin dessiné et les allées tracées, les enfants fumèrent le terrain des plates-bandes. Pierrot apportait le fumier dans une brouette et ils le répandaient sur le sol; ils avaient soin de le distribuer également sur toute la surface. Ils fumèrent fortement, puis, au moyen de la bêche, ils enterrèrent le fumier. Ils s'occupèrent ensuite des bordures. Marie et Camille employèrent le thym et l'œillet mignardise. Quant à Léon et à Jules, ils choisirent le buis; mais, en cela encore, les frères furent moins bien inspirés que les sœurs. Car le buis donnait à leurs plates-bandes un aspect triste, et, à mesure que leurs bordures grandirent, elles devinrent l'asile d'une légion de limaçons qui, sortant de cette retraite pendant la nuit, dévoraient ou souillaient leurs fraises.

Mes petits lecteurs ont vu sans doute des fraisiers. Ils savent qu'ils envoient dans toutes les directions de longs filaments, lesquels portent des espèces de nœuds d'espace en espace. De ces nœuds, quand ils reposent sur la terre humide, sortent de petites racines qui s'enfoncent dans le sol et donnent naissance à une pousse qui devient elle-même un nouveau pied de fraisier. Rien n'est donc plus facile que de multiplier cette plante. Il suffit de couper les ligaments, d'enlever les jeunes pousses et de les transplanter. C'est ce que firent Léon et Jules. Ils demandèrent des plants à Antoine et ils les repiquèrent, en ayant soin de les disposer en quinconce et de laisser entre eux une distance de 25 à 30 centimètres. Cet intervalle est nécessaire pour que la plante puisse prendre tout son développement. Lorsque la plantation fut terminée, Léon et Jules hachèrent de la paille et en étendirent une couche épaisse sur toute la surface du sol. Cette précaution devait leur procurer deux avantages importants. D'abord, elle avait pour consé-

quence de conserver l'humidité et la fraîcheur au
pied des plants ; ensuite, et c'est là le point prin-
cipal qu'ils se proposaient, elle devait préserver le
fruit des souillures de la terre. Il perd, en effet,
une grande partie de sa saveur et de son parfum,
quand on est obligé de le laver, avant de le servir
sur la table.

Il n'y avait plus qu'à arroser les plants, mais
Jules et Léon, s'étant aperçus que le temps était à
l'orage, crurent qu'ils pouvaient se dispenser de ce
travail et se reposer du soin d'arroser leurs fraisiers sur la pluie qui leur paraissait imminente.
Heureusement, Antoine passait par là et entendit
leur conversation sur ce sujet.

— Monsieur Léon, dit-il, en s'adressant à l'aîné
des deux garçons, ne vous en rapportez pas aux
pluies du ciel et surtout à celles d'orage pour arroser vos fraisiers ; elles ne leur valent rien, elles leur
nuisent bien plutôt qu'elles ne leur servent. Elles
jaunissent la plante et retardent sa fructification.

— Voilà qui est bien singulier, Antoine, dit Léon.

— Je ne dis pas non, monsieur Léon, répondit le
jardinier, et je ne pourrais vous en dire la raison.
Mais la chose est certaine, et j'en ai fait bien des
fois l'expérience. Aussi, croyez-moi, ne tenez aucun
compte de l'orage et arrosez vos fraisiers, comme
s'il ne devait pas tomber une seule goutte de pluie·

Léon et son frère s'en rapportèrent à l'expérience d'Antoine ; ils arrosèrent abondamment leurs planches et s'en trouvèrent bien.

Cependant, leurs sœurs n'étaient pas restées inactives. Elles avaient semé toutes les fleurs que comportait la saison, malheureusement déjà un peu avancée : des giroflées, des pieds d'alouette, des balsamines, des asters de la Chine. Elles plantèrent des dahlias. Elles auraient bien voulu planter aussi des rosiers ; mais la saison ne le permettait pas et elles durent attendre le printemps suivant pour réaliser leurs désirs. Lorsque tous leurs semis et plantations furent achevés, elles les arrosèrent et, leur tâche étant enfin achevée, elles purent se reposer.

Elles s'assirent sur un banc à l'ombre, et Léon et Jules ne tardèrent pas à les y rejoindre. Quant à Pierrot, il s'assit tout simplement sur l'herbe, en plein soleil. C'était un vrai fils de la campagne et le soleil ne lui faisait pas peur.

— Ne trouves-tu pas, Marie, dit Léon, que notre jardin a un grand inconvénient ?

— Lequel ? Léon, demanda Marie.

— Il est trop éloigné de l'eau, dit Léon. Lorsque nous devons arroser, nous sommes obligés d'aller jusqu'au gave, et c'est un voyage.

— J'avoue, Léon, répondit Marie, que c'est en

effet, un inconvénient; mais je n'y vois point de remède. Tu n'as pas sans doute la prétention de détourner la rivière et de l'amener jusqu'à notre jardin.

— Non, dit Léon.

— Et quant à rapprocher notre jardin de la rivière, c'est une entreprise qui me paraît également assez difficile, ajouta Marie.

— Tu es une moqueuse, Marie, dit Léon fâché, et c'est un très-vilain défaut. Tu ferais beaucoup mieux de m'aider à trouver une idée pour nous dispenser d'un travail très-pénible.

— Je ne demanderais pas mieux, répondit Marie. Mais c'est qu'en vérité je n'entrevois pas de moyen d'obvier à l'inconvénient que tu as signalé.

— Ni moi, non plus, dit Léon, et c'est bien là ce qui me fâche.

Pierrot n'avait paru prêter aucune attention à cette conversation; mais il n'en avait pas perdu un mot. Tout à coup il se leva et, s'adressant à Marie:

— Moi, dit-il, mamzelle, j'ai trouvé un moyen.

— Quel moyen? Pierrot, dit Marie.

— Venez avec moi, répondit-il, et je vous le montrerai.

Tous les enfants se levèrent.

— Allons! s'écrièrent-ils tous à la fois.

Pierrot prit les devants, et ils le suivirent.

Il leur fit gravir une colline, au pied de laquelle était situé leur jardin et, s'arrêtant vers le milieu, il leur montra une fontaine dont le bassin était placé à la base d'un rocher.

— Voilà, leur dit-il, mon moyen.

Tous les enfants demeurèrent stupéfaits.

— Mais, dit Léon, il est encore bien plus difficile de venir chercher de l'eau ici que de l'aller puiser au gave. Ton moyen, Pierrot, est une mystification.

Mais Pierrot avait son idée et il ne fut nullement déconcerté par le peu d'effet que ses paroles avaient produit.

— Il ne s'agit pas non plus, dit-il, de venir chercher de l'eau ici. Vous voyez bien, monsieur Léon, ce petit ruisseau qui s'échappe de la fontaine et qui, descendant la pente de la colline, va se jeter dans le gave ?

— Oui, dit Léon.

— Eh bien, reprit Pierrot, il n'est pas difficile de le détourner et de le faire arriver jusqu'à votre jardin.

Tous les enfants comprirent aisément l'explication de Pierrot et ils rendirent hommage à son esprit inventif.

— Mais alors, dit Léon, nous pourrons avoir un bassin. Dans ce bassin, nous pourrons nourrir des poissons. Ton idée est charmante, Pierrot. Justement, nous avons laissé un espace vide au milieu de notre jardin et ce sera une excellente place pour y creuser le réservoir.

Marie, Jules et Camille applaudirent aux paroles de leur frère ; l'idée d'avoir une pièce d'eau les ravissait. Tous furent d'avis qu'il fallait immédiatement se mettre à l'œuvre.

— Écoutez, dit alors Léon ; il ne faudra rien dire à papa ni à maman de notre entreprise. Lorsqu'elle sera achevée, nous les amènerons comme par hasard dans notre jardin, et pensez comme ce sera amusant de voir leur surprise !

— Oui, oui, ce sera charmant, s'écrièrent-ils tous.

— Eh bien, alors, réprit Léon, engageons-nous à garder un secret inviolable.

Marie, Jules, Camille et Pierrot jurèrent qu'ils seraient muets comme des poissons.

— Allons donc nous mettre à l'ouvrage, dit Léon, et, encore une fois, motus !

Ils descendirent rapidement la colline et ils se mirent aussitôt en devoir de commencer l'exécution de leur projet. Ils tracèrent d'abord sur le sol une ligne circulaire pour déterminer l'étendue et les contours du bassin. Pour cela, ils prirent une corde qu'ils attachèrent par un nœud assez lâche à un piquet enfoncé en terre, juste au milieu de l'espace

qu'ils voulaient creuser. Puis, ayant lié à la corde,
à une distance convenable du point où elle était
fixée, un second piquet, ils en promenèrent le bout
pointu sur la surface du sol tout autour du premier
piquet. Pendant tout le temps que dura cette opération, ils eurent soin de tenir la corde constamment tendue. La ligne qu'ils décrivirent sur la
terre, à l'aide de ce procédé, représentait une cir-
conférence parfaitement régulière et marquait les
limites du bassin.

Lorsque cette première tâche fut achevée, ils sai-
sirent leurs bêches et se mirent à creuser et à enlever la terre. C'était un travail long et pénible;
mais ils y furent aidés par Antoine et ils y portèrent
une telle ardeur, qu'il fut terminé au bout d'une
quinzaine. Cet espace de temps leur suffit pour
creuser une fosse profonde d'environ un mètre et
large de trois. Afin d'empêcher l'eau de s'écouler
à travers la terre, ils en carrelèrent le fond et les
bords avec des tuiles, et, pour surcroît de précaution, ils appliquèrent sur tous les endroits où les
tuiles se joignaient un enduit composé d'argile, de
sable et de chaux. Ils entourèrent ensuite le bassin
d'un talus en terre bien ameublie, et ils y semèrent
du gazon.

Le réservoir achevé, ils s'occupèrent des moyens
d'y amener l'eau. A cet effet, ils creusèrent une ri-

gole qui, partant de la fontaine, aboutissait au bassin ; ils garnirent le fond de ce conduit de tuyaux de drainage. M. Derville en avait fait déposer un grand nombre dans une grange en attendant qu'il s'en servît, et les enfants, les y ayant découverts, dans le moment même où ils travaillaient à leur aqueduc, ils comprirent tout de suite les avantages qu'ils pouvaient en tirer. Ils en prirent donc la quantité qui leur fut nécessaire, et, en cela, je suis bien loin de les approuver. Ils devaient certainement en demander d'abord la permission à leur papa. Ils n'y auraient pas manqué non plus, j'en suis certain, si cette demande n'eût dû avoir pour résultat inévitable de dévoiler leur secret. Dans tous les cas, M. Derville leur ayant plus tard pardonné cette faute, je ne puis me montrer plus sévère que lui.

Nos petits ingénieurs en étaient là de leur travail, lorsque tout à coup Marie s'écria, en s'adressant à son frère aîné :

— Léon, un bassin, c'est quelque chose, mais ce n'est pas assez. Il faut avoir un jet d'eau.

Léon réfléchit un instant, puis il dit à sa sœur :

— En vérité, Marie, je ne sais comment cette idée ne nous est pas venue plus tôt. Nous pouvons, en effet, avoir un jet d'eau et rien n'est plus facile.

En même temps, il appela Camille, Jules et Pierrot à qui il communiqua le projet de Marie.

Tous convinrent que, puisqu'il était possible d'avoir un jet d'eau, il fallait se le procurer, coûte que coûte.

En conséquence de cette déclaration, on enleva les tuyaux de drainage que l'on déposa avec précaution sur les bords de l'aqueduc, puis l'on creusa la rigole plus profondément. Dans le premier projet, il suffisait que l'eau de la fontaine arrivât jusqu'aux bords supérieurs du bassin où elle devait se déverser. Il n'était donc pas nécessaire que le conduit fût très-profond ; mais, à présent qu'on voulait avoir un jet d'eau, il fallait que le liquide aboutît par un canal souterrain au centre du bassin. Cette condition obligea les enfants à donner plus de profondeur au conduit. Elle les mit aussi dans la nécessité de revenir sur certaines parties de leur premier travail pour les approprier à leur nouveau dessein. Par exemple, ils durent enlever quelques-unes des tuiles qui garnissaient le fond du réservoir et abattre une partie de ses bords pour creuser le canal par-dessous. Lorsque tout cela fut fait, ils replacèrent les tuyaux et les tuiles, excepté celle qui devait être au centre. Ils laissèrent là une ouverture pour donner passage au jet d'eau. Ils relevèrent aussi les bords du bassin qu'ils avaient été obligés d'abattre ; enfin, ils remirent toutes choses dans l'état où elles étaient d'abord.

Mais ils n'étaient pas encore au bout de leur ouvrage. La partie la plus délicate du travail était au centre du bassin. Sans doute, dans l'état où ils avaient amené les choses, l'eau aurait pu jaillir et former d'abord un assez beau jet. Mais le liquide, en s'accumulant dans le réservoir, l'aurait comprimé, et peu à peu aurait fini par l'annuler tout à fait. Voici comment ils s'y prirent pour parer à ce grave inconvénient. Ils choisirent deux tuyaux de drainage, dont les tubes avaient un diamètre beaucoup plus petit que ceux qu'ils avaient employés jusque-là. Ils les posèrent bout à bout l'un sur l'autre ; puis, les ayant placés debout au centre du bassin, de manière que leur tube correspondît exactement à l'orifice du canal, Léon les maintint dans cette position verticale, pendant que Pierrot les enfermait dans une forte couche d'argile. L'argile était disposée de façon à former un cône, étant plus épaisse en bas qu'en haut. Lorsque cette opération fut terminée, les enfants virent avec plaisir que les tuyaux de drainage se maintenaient debout parfaitement.

Il n'y avait plus qu'à faire dériver l'eau dans le canal. Ils coururent à la fontaine et, en quelques coups de pioche, la chose fut faite. L'eau se précipita comme un torrent par le nouveau passage. Ils descendirent en toute hâte la colline pour la devancer et voir le premier effet du jet d'eau. Quelle ne fut pas leur satisfaction, quand ils virent la colonne liquide s'élancer à plus de dix pieds en l'air ! Ce furent des cris, des trépignements de joie qui tenaient du délire. Il fut heureux pour eux que M. et Mme Derville ne se promenassent pas en ce moment ; car ils seraient certainement venus voir la cause de tout ce tapage, et les enfants se seraient ainsi trahis eux-mêmes.

Mais Antoine, qui travaillait non loin de là, entendant ce tumulte, abandonna son ouvrage et accourut pour voir ce qui se passait. Il ne fut pas, comme on le pense, médiocrement étonné, lorsqu'il vit le bassin déjà à moitié rempli, et le merveilleux jet qui s'élançait comme une fusée dans les airs et brillait en ce moment de toutes les couleurs du prisme. Il ne savait comment exprimer sa profonde surprise, et regardant, bouche béante, toutes ces merveilles, il ne pouvait que répéter sur tous les tons :

— Mais comment avez-vous fait, mes jeunes maîtres ? Mais comment avez-vous fait ?

Cependant, les enfants ne purent jouir longtemps de sa stupéfaction. Un effet, auquel ils ne s'étaient pas attendus, interrompit tout à coup leur joie. Le bassin continuait à s'emplir et les enfants virent bientôt avec terreur que l'eau allait passer par-dessus les bords et inonder le jardin. Il n'y avait pas un moment à perdre. Pierrot, qui, le premier, avait appelé l'attention générale sur le danger, releva vivement ses pantalons, entra dans le bassin et arrêta le jet d'eau en bouchant avec un gros morceau de terre glaise le trou par où il s'élançait. .

Il fallait alors s'occuper de creuser un second canal par où le trop-plein du bassin pût s'échapper. Tous les enfants se mirent sans tarder à ce nouvel ouvrage; car ils avaient hâte de jouir de l'étonnement que leurs travaux ingénieux devaient causer à leurs parents. Heureusement pour eux, il y avait près de là un fossé assez profond qui aboutissait au gave et cette circonstance leur épargna beaucoup de peine. Ils dirigèrent vers ce fossé la rigole qui devait emporter les eaux surabondantes, lesquelles de là pouvaient ensuite se rendre d'elles-mêmes à la rivière. Ils garnirent le fond de ce nouveau canal de tuyaux de drainage, comme ils avaient fait pour le premier, et revêtirent le tout d'une épaisse couche de terre. Ces diverses opérations furent promptement accomplies, car ils étaient devenus habiles dans ce genre de travail, et Antoine, d'ailleurs, leur prêta un coup de main. Ses bras robustes et exercés furent un renfort qui, comme on le conçoit bien, ne nuisit pas à l'avancement de l'ouvrage.

Lorsque ce second canal fut achevé, ils laissèrent s'échapper l'eau du bassin; puis, tout étant bien préparé, ils s'occupèrent des moyens d'amener leurs parents jusqu'à leur jardin, afin de les faire jouir d'un spectacle si inattendu pour eux et de jouir eux-mêmes de la surprise qu'il ne pouvait manquer de leur causer. Il fallait mener cette petite conspiration avec une extrême adresse; l'important était que M. et Mme Derville ne se doutassent de rien. Il fut convenu que Léon, en sa qualité d'aîné, et aussi sans doute parce qu'on lui supposait une certaine supériorité diplomatique, aborderait, le soir même, à dîner, cette délicate négociation. On lui accorda les pouvoirs les plus étendus.

Le soir donc, lorsque toute la famille fut réunie à table, Léon, prenant la parole et s'adressant à son père :

— Papa, dit-il, il fait aujourd'hui un temps superbe : tu devrais bien nous emmener à la promenade avec toi. Il y a si longtemps que nous ne sommes allés nous promener tous ensemble !

Ce début était habile; car il ne pouvait en aucune manière faire soupçonner le but auquel l'adroit négociateur voulait arriver. Tous les enfants comprirent la manœuvre savante de leur plénipotentiaire, et, relevant la tête, ils prêtèrent la plus vive attention à ce qui allait s'ensuivre.

— Je ne demande pas mieux, répondit M. Derville, et ce n'est pas ma faute si nous ne sommes pas allés plus souvent ensemble à la promenade. Mais toutes les fois que nous vous l'avons proposé, votre mère ou moi, vous vous êtes toujours excusés en prétextant des travaux à exécuter dans votre jardin. Mais, à propos, où en est-il, ce fameux jardin ?

Le pauvre M. Derville, qui ne se méfiait de rien, donnait, comme on voit, de lui-même dans le piége.

— Oh ! dit Léon, d'un air indifférent et avec une modestie machiavélique, nous y avons beaucoup travaillé. Mais nous sommes bien novices, et je ne sais, si toi et maman, vous serez contents de ce que nous avons fait.

— Nous vous dirons notre opinion, répondit M. Derville, lorsque vous nous aurez montré vos travaux. Voyons, voulez-vous qu'avant d'aller à la promenade, nous passions tous par votre jardin ?

Évidemment M. Derville s'enferrait de plus en plus. Mais Léon n'eut aucune pitié de la bonhomie avec laquelle son père allait au-devant du panneau. Au contraire, il s'étudia à raffiner encore la fourberie.

— Si tu le désires, papa, répondit-il d'un air détaché, pour moi je le veux bien ; mais je crains que cette visite ne retarde beaucoup notre promenade.

Il est quelquefois dangereux de vouloir être trop habile. En poussant si loin la dissimulation, Léon faillit tout compromettre, et c'est ce qui est arrivé souvent à des gens plus âgés et plus fins encore que lui.

— Oh! je ne veux rien vous imposer, répondit M. Derville, ni aucunement gêner vos plaisirs. Si vous trouvez, en effet, que cette inspection de vos travaux de jardinage peut nuire aux agréments de notre promenade, nous pouvons la remettre à demain.

L'affaire, comme on voit, allait mal. Un frisson parcourut le corps des enfants. Ils crurent tout manqué. Ils étaient furieux contre Léon qui, par un excès de finesse, avait fait tourner si mal une négociation si bien commencée. Heureusement, dans cet instant critique, Mme Derville vint à leur secours, sans s'en douter.

— Il est encore de bonne heure, dit-elle, et la visite au jardin ne nous retardera pas tellement que nous n'ayons encore le temps de faire une assez longue promenade. Je pense donc que nous pouvons faire les deux choses sans nuire ni à l'une ni à l'autre. Voyons, n'est-ce pas votre avis? ajouta-t-elle en s'adressant aux enfants.

Cette fois, toute diplomatie fut mise de côté. Ils firent une réponse unanime, et Léon lui-même, oubliant sa politique, s'y associa avec empressement.

— Oui, oui, maman, s'écrièrent-ils tous à la fois.

— Eh bien, voilà qui est convenu, dit alors M. Derville, nous irons d'abord au jardin, puis de là à la promenade.

Tout étant ainsi réglé, on conçoit avec quelle impatience les enfants attendirent la fin du dîner. Il leur semblait qu'elle n'arriverait jamais. Bien que réellement le repas se fût terminé, ce jour-là, beaucoup plus tôt que d'habitude, ils crurent qu'il s'était prolongé bien au delà du temps ordinaire. Enfin, Mme Derville ayant donné le signal, tout le monde se leva de table et l'on se mit presque aussitôt en route.

Cependant, Antoine avait parlé, et le bruit s'était répandu dans la maison qu'un superbe jet d'eau allait être inauguré dans la soirée. Pierrot lui-même, qui ne se croyait plus astreint aussi rigoureusement au secret, puisque le grand mystère allait être dévoilé dans quelques heures, n'avait pu s'empêcher de lâcher quelques mots qui avaient excité dans toute la maison une vive curiosité. Aussi tous les gens de M. Derville s'étaient-ils donné rendez-vous sur la terrasse où ils attendaient l'évènement avec une extrême impatience. François était là, toujours escorté de son fidèle Pilate. M. et Mme Derville s'aperçurent bien qu'il régnait dans leur maison une

agitation inusitée. Mais ils ne jugèrent pas à prò-
pos d'en demander la cause pour le moment, et ils
continuèrent à avancer vers le jardin des enfants.

Lorsqu'ils n'en furent plus qu'à une très-petite
distance, Léon courut en avant, et, entrant dans le
bassin, il se tint prêt à lâcher le jet d'eau. Il n'atten-
dit pas longtemps ; car M. et Mme Derville arrivèrent
presque aussitôt. Dès qu'il les vit, Léon enleva l'argile qui fermait le passage à l'eau, et le liquide, re-
trouvant alors sa liberté, s'élança avec violence dans
les airs. Qu'on juge de l'étonnement de M. et Mme
Derville, à la vue d'un spectacle auquel ils éaient
si loin de s'attendre, à la vue de ce bassin et de
tous ces travaux extraordinaires. Quant aux domestiques, qui du haut de la terrasse assistaient à ce
coup de théâtre, ils battaient des mains et poussaient
des bravos frénétiques. Pilate lui-même se mêlait, à
sa manière, à la joie générale : il sautait aux jambes
de son maître et aboyait comme un fou. C'était là sa
façon d'applaudir et d'exprimer son enthousiasme.

— Mais, est-ce bien vous, mes enfants, disait Mme
Derville, qui avez fait tout cela?

— Oui, maman, répondaient-ils avec une fierté
que nous n'avons pas le courage de blâmer, c'est
nous, nous seuls, aidés seulement de Pierrot.

— Mais d'où vient cette eau ? demandait M. Derville au comble de la surprise.

— Elle vient, répondit Léon, d'une source que nous a montrée Pierrot et qui se trouve à mi-côte de cette colline.

— Oui, mais, pour l'amener jusqu'ici, il a fallu creuser un canal, reprit M. Derville.

— Aussi, en avons-nous creusé un, répondit Léon.

Il expliqua alors à son père comment le besoin d'avoir de l'eau plus près de leur jardin s'était fait sentir à eux, comment Pierrot leur avait enseigné le moyen de s'en procurer, et enfin comment l'idée d'avoir un jet d'eau leur était venue. Il raconta ensuite à son père la peur qu'ils avaient éprouvée, lorsque, l'eau montant toujours dans le bassin, ils avaient vu le moment où elle allait passer par-dessus les bords et tout inonder.

— L'évènement, en effet, eût été grave, dit M. Derville. Mais si tu avais mieux connu les lois qui président à l'équilibre des liquides, tu aurais pu le prévoir et, d'avance, y porter remède.

— Quelles lois ? demanda Léon.

— Si je voulais te les exposer en détail, répondit M. Derville, je serais obligé de te faire un cours complet de physique. Car tout se tient dans les sciences. Mais je puis, je crois, satisfaire ta curiosité à moindres frais. Tu dois savoir que tous les liquides ont une tendance constante à se mettre en équilibre ou de niveau ?

— Oui, papa, répondit Léon.

— C'est une loi, reprit M. Derville, dont les effets peuvent s'observer tous les jours. On la démontre théoriquement en physique; mais une expérience, très-facile à faire, la rend, pour ainsi dire, visible. On prend des vases qui communiquent ensemble, au moyen d'un tube horizontal. Si on verse dans l'un de l'eau ou tout autre liquide, on voit le niveau s'élever à la même auteur dans tous les vases, quelles que soient leurs capacités et leurs formes. C'est ce qu'on appelle en physique l'expérience *des vases communiquants*. J'ai dit qu'elle était aisée à exécuter, mais c'est, toutefois, à la condition d'avoir l'appareil nécessaire. Comme j'ai laissé à Paris mon cabinet de physique, je ne puis la faire devant toi. Mais, as-tu, du moins, bien compris ce que je t'ai dit jusqu'à présent ?

— Oui, papa, très-bien, répondit Léon.

— Eh bien, continua M. Derville, ton jet d'eau n'est autre chose qu'une application de cette tendance des liquides à se mettre toujours de niveau. L'eau que tu vois s'élever en l'air vient de la colline, c'est-à-dire d'un lieu beaucoup plus élevé que celui d'où part le jet, et c'est parce qu'elle tend à se mettre de niveau qu'elle jaillit avec force dans les airs. La théorie démontre qu'elle devrait s'élever aussi haut que la fontaine d'où elle part. Mais il faut tenir compte du frottement qu'elle éprouve dans les tuyaux qu'elle parcourt, de la résistance de l'air et de l'obstacle qu'opposent les gouttes d'eau qui retombent à celles qui montent.

— Tout cela, papa, est très-facile à comprendre, dit Léon.

— Ce n'est pas, reprit M. Derville, le seul phénomène produit par cette tendance des liquides. Elle donne naissance à beaucoup d'autres, par exemple, aux cours d'eau que nous voyons couler à la surface du sol ou qui, cachés aux regards des hommes, roulent leurs eaux dans le sein de la terre.

— Comment? papa, demanda Léon, il y a des cours d'eau sous la terre?

— Oui, mon enfant, répondit M. Derville ; il y a des ruisseaux, des rivières, des fleuves, des lacs immenses, peut-être même des mers. Lorsque toutes ces eaux ne sont pas de niveau, elles sont entraînées des régions les plus élevées vers les régions les plus basses. C'est ainsi que celles que les pluies et la fonte des neiges versent sur la terre s'épanchent dans les vallées ; elles y forment des ruisseaux, des rivières, des fleuves qui, cherchant aussi leur niveau, coulent dans leur lit et vont se jeter dans l'immense bassin des mers ; et c'est parce que ce bassin est la partie la plus basse de la terre que toutes les eaux du globe s'y rendent.

— Mais, papa, demanda Léon, d'où viennent toutes ces eaux que les fleuves portent à la mer ?

— Ta question est naturelle, répondit M. Derville, et je m'y attendais. Si tu ne me l'avais pas faite, je te déclare que j'aurais eu une assez médiocre idée de ton esprit. J'aurais pensé que tu étais du nombre de ces enfants qui acceptent passivement tout ce qu'on leur dit et dont l'intelligence indolente, au lieu de chercher à se rendre compte des choses par elle-même, préfère, pour se dispenser de ce travail quelquefois difficile, s'en rapporter de tout à l'autorité et à la science d'autrui. Ces enfants-là peuvent apprendre beaucoup de choses, mais ils n'en savent jamais réellement aucune. Car pour savoir il ne suffit pas d'avoir entassé confusément dans sa mémoire tout ce qu'on a lu et tout ce que des maîtres vous ont enseigné ; il faut s'en être rendu maître par la réflexion et la raison. Il faut avoir si bien approfondi chaque chose par soi-même qu'on soit en état de répondre à toutes les objections qu'elle peut soulever. Ce n'est qu'à cette condition qu'on se l'approprie, qu'on la possède, en un mot, qu'on la sait.

Après t'avoir dit cela, en passant, voyons ton objection. Il est tout simple, ainsi que je te l'ai dit, qu'elle se soit présentée à ton esprit. Comment se fait-il, en effet, que les cours d'eau coulent depuis six mille ans, c'est-à-dire, depuis la création du monde, sans diminuer d'une manière appréciable, et que cette urne que les anciens prêtaient aux fleuves ne soit pas enfin tarie? D'un autre côté, comment se fait-il que le bassin des mers, où depuis six mille ans les fleuves vont se déverser, ne finisse pas par devenir trop étroit et que l'océan, franchissant ses bords, n'inonde pas la terre, absolument comme l'eau de ton bassin a failli submerger tes plates-bandes? Mais voilà précisément où tu vas voir se déployer les ressources inépuisables de la Providence. Écoute bien ceci, car c'est une merveille.

La recommandation de M. Derville était superflue, car Léon, que ces questions, toutes nouvelles pour lui, intéressaient au dernier point, écoutait avec une profonde attention. Marie s'était aussi approchée et ne perdait rien des explications de son père, bien qu'elles fussent plus spécialement destinées à Léon.

— Sous l'action brûlante du soleil, poursuivit M. Derville, une portion considérable de l'eau de la mer se réduit en vapeur, et, devenue sous cette forme plus légère que l'air, elle s'élève dans les hautes régions de l'atmosphère, où elle forme les brouillards et les nuages. Tu n'es pas sans avoir vu quelquefois un pot bouillir auprès du feu. Tu as dû

remarquer que l'eau, contenue dans ce pot, dimi-
nuait peu à peu ; elle se serait épuisée tout à fait, et
même assez vite, si on l'eût laissée assez longtemps
exposée à la chaleur. Que penses-tu, cependant, que
devenait cette eau, à mesure qu'elle disparaissait ?
Elle ne se perdait point ; elle ne faisait que changer
de forme. Elle devenait vapeur et, dans ce nouvel
état, elle flottait invisible dans l'air de la chambre.
Eh bien, l'eau de la mer subit exactement le même
phénomène, et par la même cause. Le bassin de la
mer, c'est le pot ; le soleil, c'est le feu. La mer, à la
vérité, ne bout pas ; mais elle s'échauffe assez pour
donner lieu à une immense évaporation.

La quantité d'eau vaporisée et dérobée à la mer
par le soleil est à peu près égale à celle que lui ap-
portent les fleuves ; il y a, par conséquent, équilibre
entre ce qu'elle reçoit et ce qu'elle est forcée de
rendre ; elle ne perd ni elle ne gagne, et la quantité
d'eau qu'elle contient est, à peu de chose près, toujours la même. Cela t'explique pourquoi elle ne
déborde pas et n'engloutit pas la terre. Dieu lui a
tracé ses limites et, pour parler comme les saintes
Écritures, il lui a dit : Tu n'iras pas plus loin.

Voilà pour la mer ; examinons maintenant ce
qui concerne les fleuves.

Ces brouillards et ces nuages, formés par l'eau
que la chaleur du soleil a réduite en vapeurs et

soustraite ainsi à l'Océan, restent en suspension dans l'atmosphère et sont entraînés par les vents dans toutes les directions du ciel. Mais, de même que l'eau se transforme en vapeur sous l'influence de la chaleur, de même la vapeur redevient eau par l'effet du refroidissement. Par conséquent, s'il arrive que les régions élevées, où flottent les nuages, se refroidissent, ils passent de l'état de vapeur à celui d'eau, et devenus alors plus pesants que l'air, ils retombent en pluies sur les continents. Ces pluies courent à la surface de la terre et se rendent dans les fleuves, ou bien, pénétrant profondément dans le sol, elles vont alimenter leurs réservoirs souterrains. Les fleuves reportent ces eaux à la mer où le soleil les reprend pour former d'autres nuages; ces nuages les rendent de nouveau aux fleuves, sous forme de pluie, et ainsi de suite. C'est un mouvement qui n'a ni commencement ni fin et qui ne s'interrompt jamais. La quantité d'eau qui existe dans la nature est toujours la même; elle n'augmente ni ne diminue. Elle ne fait que changer de formes et la mer, les nuages et les fleuves l'échangent entre eux éternellement. Tu comprends à présent pourquoi les fleuves coulent depuis le commencement du monde et couleront jusqu'à la fin, sans s'épuiser jamais. De même que le soleil dérobe à la mer tout ce qu'elle reçoit, de même les nuages restituent aux fleuves tout ce qu'ils donnent.

Maintenant revenons pour un instant à la tendance qu'ont les liquides à se mettre toujours de niveau.

C'est pour aller chercher de petits cours d'eau souterrains, formés par les pluies du ciel, que l'on creuse des puits. Si le cours d'eau que l'on rencontre est alimenté par un réservoir situé dans un lieu plus élevé que le sol où l'on a creusé, l'eau, tendant à se mettre de niveau, s'élèvera plus haut que les bords du puits. C'est à peu près ce qui vous est arrivé; l'eau de votre bassin qui provient d'un lieu fort élevé, par rapport à votre jardin, aurait tout inondé autour de vous, si vous ne vous étiez hâtés de l'arrêter.

On a donné à ces puits jaillissants le nom de *puits artésiens*, parce que c'est dans la province de l'Artois que l'on a creusé le premier. Celui qui existe à Grenelle, près Paris, a été longtemps en France le plus abondant et le plus profond. Je crois, qu'il le cède actuellement, sous ces deux rapports, à celui qui a été récemment creusé à Passy. Le réservoir souterrain qui alimente un puits artésien est quelquefois situé dans une région fort éloignée du point où il jaillit. L'eau que vomissent les puits de Grenelle et de Passy paraît venir de la Champagne.

M. Derville en était là de ses explications, lorsqu'il fut tout à coup interrompu par un cri perçant. C'était le petit Jules qui, en jouant sur les bords du canal, avait perdu l'équilibre et était tombé dans l'eau la tête la première. Il se débattait de son mieux, mais surtout il poussait des cris désespérés et faisait d'étranges grimaces; car l'eau était très-froide et la sensation qu'il éprouvait n'était rien moins qu'agréable. M. Derville se hâta de le repêcher. Lorsqu'il eut pris pied sur la terre ferme et que tout danger eut disparu, les autres enfants ne purent s'empêcher de rire un peu de sa mésaventure et de se moquer surtout de la drôle de mine qu'il faisait. Il était aveuglé par l'eau qui ruisselait de ses cheveux; ses habits, trempés jusqu'au dernier fil, étaient collés sur ses membres, et il ouvrait une bouche effroyable. Mais, quand le petit garçon, qui avait de l'amour-propre, eut remarqué qu'il était l'objet des railleries de son frère et de ses sœurs, il fit un grand effort sur lui-même, renfonça ses larmes et cessa de crier. Cependant, madame Derville se hâta de l'emmener à la maison pour le faire changer de vêtements; car elle craignait qu'il ne s'enrhumât.

— Je pense, dit Léon, lorsqu'il fut parti, que notre projet de promenade est tombé dans l'eau en même temps que Jules.

— Je le pense aussi, dit M. Derville ; il est déjà tard et, avant que Jules et votre mère ne soient prêts à nous accompagner, la nuit sera venue ; or, je présume que vous ne voudriez pas aller vous promener sans eux.

— Oh ! non, papa, répondirent les enfants ; il vaut bien mieux remettre la partie à un autre jour.

Ce fut, en effet, le parti auquel on s'arrêta. On resta sur la terrasse où madame Derville ne tarda pas à venir aussi avec Jules complètement remis des émotions de son accident. La soirée était magnifique ; il n'y avait pas un nuage au ciel, et les étoiles brillaient du plus vif éclat. Les enfants, qui subissaient sans s'en douter, l'impression religieuse de ce beau spectacle, gardaient le silence. Ils prolongèrent longtemps leur soirée, ce jour-là, et n'allèrent se coucher que fort tard.

IV

Je serais désolé que l'on s'imaginât que mes petits campagnards fussent des enfants légers et paresseux qui, sans songer aux choses sérieuses, ne s'occupaient qu'à jouer et à s'amuser. Eux-mêmes étaient trop raisonnables pour désirer de perdre ainsi leur temps, et leurs parents, d'ailleurs, ne l'eussent pas souffert. La plus grande partie de leurs journées était, au contraire, employée à l'étude. Ils ne consacraient au plaisir que le temps de leurs récréations et encore a-t-on vu que quelques-uns de leurs amusements avaient un côté utile et instructif.

M. et Mme Derville, ayant résolu de se charger seuls du soin de leur éducation, ils s'étaient partagé la tâche. Comme il était naturel, le père s'occupait des garçons, et la mère, des filles. Sous la direction de ces maîtres dont l'exigence était à la fois provoquée et tempérée par la tendresse, qui ne manquaien d'ailleurs d'instruction ni d'expérience, mais chez

lesquels, au besoin, le zèle eût suppléé au talent, les
enfants faisaient de rapides progrès. La nature les
avait doués d'aptitudes fort différentes. Léon montrait une grande facilité pour les sciences, tandis
que son jeune frère, dès qu'il fut en âge de s'appliquer à l'étude, manifesta un goût prononcé pour la
littérature. L'aîné se distinguait par la précision de
l'esprit et par le raisonnement. Il déployait une plus
grande habileté à tirer d'un principe toutes ses conséquences logiques. Mais on put bientôt prédire que,
s'il fallait un jour juger de la valeur même de ce principe, ce serait le cadet qui s'en tirerait le mieux;
car il avait l'esprit plus juste et le jugement plus
droit.

Il n'y avait pas moins de différence dans les dispositions intellectuelles des deux petites filles. Marie,
l'aînée, avait plus de raison que d'imagination; chez
Camille, au contraire, c'était cette dernière faculté
qui prédominait. La première aimait l'histoire et,
en général, la lecture des ouvrages sérieux. La
poésie avait toutes les prédilections de la seconde;
elle aurait eu aussi beaucoup de goût pour les ro-
mans; mais ce genre d'ouvrages était sévèrement
interdit à Coarraz. On y était d'avis que le meilleur
roman est pour les enfants une lecture détestable
parce qu'elle jette dans leurs jeunes esprits, que
n'a pas encore prémunis l'expérience, une foule

d'idées fausses sur le monde et la société; si elle
ne gâte pas nécessairement leur cœur, elle gâte
toujours leur raison.

M. et Mme Derville, loin de contrarier la nature en
soumettant à une discipline commune des esprits
si différents, s'efforçaient, au contraire, de la développer et d'en suivre les indications. Ils appliquaient plus particulièrement chacun de leurs enfants au genre d'études qui paraissait s'accorder
le mieux avec ses goûts et les tendances naturelles
de son esprit. Ils accommodaient le programme à
l'élève et non pas l'élève au programme. Ils pensaient qu'il vaut mieux savoir une seule chose
parfaitement que d'avoir des notions superficielles
et vagues sur toutes et que les hommes, pourvus
de connaissances variées, mais confuses et sans
précision, peuvent, à la vérité, faire d'agréables
discoureurs dans un salon et plaire aux dames,
mais qu'ils sont incapables de remplir aucun emploi utile dans la société.

Convaincus que l'ordre et la règle sont les conditions nécessaires du succès dans l'éducation,
comme en toutes choses, ils avaient fixé, une fois
pour toutes et irrévocablement, l'emploi des heures
de chaque journée. Sur cet article-là, ils se montraient inflexibles, et ni visite à rendre ou à recevoir, ni invitation à dîner, ni aucun incident

quelconque ne pouvaient les y faire déroger. Ils pensaient que si la plupart des éducations particulières tournent si mal, cela tient précisément à ce qu'on n'observe pas cette règle nécessaire et qu'il est impossible de concilier les obligations du monde avec celles de l'étude. Le monde distrait les enfants, leur communique le goût du plaisir et de la dissipation et par là même leur inspire de l'aversion pour les occupations sérieuses.

Nos écoliers étaient soumis à un règlement presque aussi sévère que celui d'un collége. Ils étaient toujours levés à six heures, en été, et à sept, en hiver. Ils se couchaient à dix heures en toute saison. Manette, une vieille bonne, qui était au service de la famille depuis plus de quinze ans et qui par conséquent les avait tous vus naître, était chargée du soin de les réveiller chaque matin et elle s'en acquittait avec l'exactitude d'une horloge bien réglée. Elle venait aussi, chaque soir, dans leur chambre, passer une sorte d'inspection, lorsqu'ils étaient couchés. On n'avait point fait entrer cette tâche quotidienne dans les attributions de son service. Mais elle se l'était imposée à elle-même par tendresse pour ses jeunes maîtres et c'eût été lui causer un vif chagrin que de l'en dispenser. M. et Mme Derville, qui connaissaient son caractère et qui avaient d'ailleurs de grands égards pour elle, la

laissaient faire. Tous les soirs donc, elle entrait dans la chambre des enfants et donnait un coup d'œil à chaque chose. Elle ramassait les habits jetés souvent çà et là et les rangeait avec soin sur une chaise au pied du lit de l'enfant auquel ils appartenaient. Elle bordait les draps, remontait les couvertures, disposait avec soin les oreillers sous les têtes et, après avoir ainsi arrangé chacun dans son lit, elle sortait de la chambre des enfants, pour aller se coucher elle-même. Mais ce n'était jamais sans avoir embrassé les plus jeunes et donné une petite tape sur la joue des autres, en signe de caresse familière.

— Maintenant, mes mignons, dormez bien, leur disait-elle.

Il ne faudrait pas croire, d'ailleurs, que la vieille Manette gâtât ses jeunes maîtres. Elle avait pour eux une tendresse passionnée, cela est vrai. Mais elle n'aurait pas souffert qu'ils fissent en sa présence quelque chose de mal ou qui n'eût pas été conforme aux volontés de leurs parents. Lorsque cela leur arrivait, elle les grondait sévèrement, et, comme ils avaient pour elle beaucoup d'amitié et même de respect, ils ne lui désobéissaient jamais.

Dans la belle saison, lorsque le temps était beau, Marie et Léon n'attendaient pas toujours pour se lever l'heure du règlement. Ils étaient souvent debout à cinq heures et même plustôt ; ils descendaient alors dans leur jardin ou se rendaient dans le parc. Ils s'asseyaient sur l'herbe et déjeunaient chacun d'une tasse de café que leur préparait la bonne Manette et qu'elle venait leur apporter. Ces petits déjeuners sur l'herbe, égayés par le chant des oiseaux et par la conversation de la vieille bonne qui leur racontait des histoires, leur plaisait infiniment. Ils rentraient toujours à sept heures.

Ils trouvaient Jules et Camille levés et achevant de prendre eux-mêmes leur tasse de café. Tous alors remontaient dans leurs chambres et se mettaient au travail. Mais, pour donner à mes jeunes lecteurs une idée nette et exacte de la vie qu'on menait à Coarraz, je crois que je ne puis mieux faire que de placer sous leurs yeux le tableau suivant où se trouvent indiqués l'emploi et la distribution du temps. Le changement des saisons y apportait quelques différences ; mais elles étaient légères et le fond était à peu près toujours le même :

6 heures, lever ; puis déjeuner (café).

7 — étude.

9 — récréation.

10 — 2e déjeuner (à la fourchette) : puis, récréation.

11 — étude.

12 heures, classe : récitation des leçons ; correction
      des devoirs.

1   —   récréation.

3   —   étude.

5   —   dîner ; puis, récréation.

7   —   étude.

8   —   classe : récitation des leçons ; correction
      des devoirs.

9   —   récréation.

10   —   coucher.

Ordinairement, on passait au salon cette dernière
heure, de 9 à 10. Les enfants s'asseyaient autour de
la table et chacun faisait, à tour de rôle, la lecture,
pendant que Mme Derville s'occupait à quelque travail de broderie et que le général se promenait de
long en large. On lisait des livres de voyages, d'histoire, des passages intéressants du *Magasin pittores-
que,* etc. Ces lectures provoquaient, de la part des
enfants, de nombreuses questions auxquelles les parents faisaient des réponses souvent plus instruc-
tives que le livre même. Un grand Atlas, placé sur
la table, était toujours là, prêt à résoudre les difficultés géographiques soulevées par le récit des voyageurs ou des historiens.

Les mêmes heures ramenaient, chaque jour, les
mêmes exercices, à l'exception toutefois du jeudi et

du dimanche. Le jeudi, les enfants avaient congé, à partir de midi. Le dimanche et les jours de fête, ils étaient absolument libres, sauf, bien entendu, le temps consacré aux offices religieux. C'étaient des enfants élevés chrétiennement et ils pratiquaient tous leurs devoirs de religion avec la plus grande exactitude.

Quant au genre d'études auxquelles leurs parents les appliquaient, on pense bien qu'il n'était pas tout à fait le même pour les garçons que pour les filles. Jules et Léon apprenaient les langues anciennes dont Marie et Camille étaient naturellement dispensées. En fait de sciences exactes, on se borna à enseigner aux filles l'arithmétique, tandis que les garçons ajoutèrent à cette étude celle de la géométrie et de l'algèbre, que M. Derville leur fit même pousser très-loin. Mais, pour ce qui est de l'histoire, de la géographie, de la littérature française et étrangère l'enseignement était le même. Quelquefois, M. et Mme Derville réunissaient tous les enfants et les faisaient composer ensemble. Marie avait à lutter contre Léon et Camille contre Jules. Un prix extraordinaire était proposé, lequel devait être la récompense de celui qui présenterait le meilleur travail sur le sujet donné. Ce concours excitait toujours parmi les enfants une vive émulation; on s'y préparait longtemps d'avance par un travail opiniâtre.

On s'efforçait de deviner le sujet sur lequel on aurait à s'exercer, et on étudiait avec soin tout ce qui pouvait s'y rapporter. Cela conduisait naturellement à repasser tout ce qu'on avait appris depuis le dernier concours. Mon devoir d'historien m'oblige à dire que le sexe masculin ne sortit pas toujours victorieux de ces luttes, et Léon, qui professait certaines théories peu galantes sur l'infériorité naturelle des femmes, comparées aux hommes, vit souvent toutes ses idées renversées par le résultat du concours.

Outre toutes ces études, il y avait encore celle des arts d'agrément. Camille et Léon, ayant montré un certain goût pour le dessin, M. Derville, qui avait dans la peinture un talent agréable, leur en donnait des leçons. Marie étudiait le piano sous la direction de sa mère, qui, sans être très-habile comme exécutante, sentait très-délicatement la musique. Enfin, les travaux d'aiguille n'étaient pas négligés. Les petites filles y employaient au moins une heure ou deux par jour.

Avec une vie si occupée, les enfants de M. Derville ne pouvaient sentir le poids du temps. Les jours s'envolaient pour eux avec une rapidité extrême. L'automne succéda à l'été, l'hiver à l'automne, et c'est à peine s'ils s'en aperçurent.

Un matin, cependant, ayant mis le nez à la fenê-

tre, il fallut bien qu'ils remarquassent le changement qui s'était opéré dans les saisons. Une épaisse
couche de neige couvrait la terre, et le gave char-
riait d'énormes glaçons. L'hiver se montrait tout à
coup sous son aspect le plus sévère ; mais son entrée
en scène, loin d'attrister notre jeune tribu, ne fit
que l'égayer, en lui ouvrant des perspectives de
plaisirs dont elle n'avait pu jouir encore. Ce jour-là,
ils attendirent la fin de l'étude du matin avec une
extrême impatience. Ils avaient hâte de sortir dans
la campagne et de contempler les aspects nouveaux
que devait présenter la nature. A peine l'heure de
la récréation eut-elle sonné qu'ils se précipitèrent
dehors. Mme Derville avait eu soin de les faire ha-
biller chaudement ; elle avait, en outre, exigé que
chacun d'eux mît à ses pieds une bonne paire de
sabots. C'est une chaussure un peu lourde, mais
qui a le grand avantage de préserver les pieds de
toute humidité. Elle embarrasse un peu dans les
commencements, et puis on s'y habitue.

Les enfants s'amusèrent d'abord à faire des boules de neige ; ils avaient réussi à en composer une
d'une énorme dimension, et ils se préparaient à la
tailler en forme de statue ; ils voulaient qu'elle re-
présentât l'Hiver, avec ses attributs, tel qu'ils l'a-
vaient vu à Paris, dans leurs promenades aux Tuileries. Mais ils furent tout à coup distraits de cette

occupation par des cris qui partaient de la basse-cour ; curieux d'en connaître la cause, ils coururent de ce côté. Après qu'ils eurent franchi la porte, ils aperçurent la jeune paysanne avec laquelle nous avons déjà fait connaissance causant vivement avec Pierrot. Elle criait, gesticulait et donnait tous les signes d'une émotion extraordinaire. Pierrot ne paraissait pas moins bouleversé. Évidemment, quelque désastre devait être arrivé. Les enfants s'approchèrent.

— Eh bien ! Jeannette, demanda Marie, qu'y a-t-il ? et pourquoi paraissez-vous si désolée ?

La jeune paysanne s'appelait Jeannette.

— Ce n'est pas sans raison, mam'zelle Marie, allez, répondit-elle. Venez, venez voir le malheur qui est arrivé cette nuit.

En disant ces mots, elle entra dans le poulailler où tous les enfants la suivirent. Là, un spectacle de désolation frappa leurs regards. Tout y était dans le plus grand désordre. Les poules, les poulets, les canards gisaient pêle-mêle, égorgés, la plupart morts, quelques-uns palpitant encore et donnant quelques faibles signes de vie. La paille qui recouvrait le sol était jonchée de plumes sanglantes. Pas un objet qui ne portât des traces de sang. Un vieux coq avait seul échappé à la destruction générale. Il était perché sur un piquet planté dans le mur à une assez grande hauteur, et c'est sans doute à cette position élevée qu'il devait son salut. Il se tenait là immobile, stupide de terreur. Avec son plumage tout noir et son attitude triste, il avait l'air du vieux Priam, assis sur les débris de Troie et déplorant la ruine de sa famille. Jeannette s'approcha de lui sans qu'il cherchât à s'enfuir, l'enleva de son perchoir et le lâcha dans la cour.

— Pauvre bête! dit-elle, va, tu l'as échappé belle.

— Mais, demanda Marie, qu'est-ce qui a fait cet affreux carnage?

— Qui? mam'zelle, dit la jeune paysanne, c'est le renard. Il y a déjà longtemps que la maudite bête rôde dans les environs. François l'a vue hier au soir, à la tombée de la nuit. Il a couru chercher son fusil pour tirer dessus; mais le brigand est rusé et méfiant. Il se sera douté de quelque chose; lorsque François est revenu, il n'était déjà plus là. Il se sera caché dans le parc, et il y aura attendu le milieu de la nuit pour faire son coup. Car c'est lorsque tout le monde dort qu'il veille, lui, et exerce ses rapines.

— Mais par où est-il entré? demanda Léon.

— Par ici, monsieur Léon, répondit Jeannette, en lui montrant une ouverture fraîchement pratiquée au bas d'une petite porte donnant sur le parc. Le bois de cette porte, dans la partie où il touche le sol, est tout pourri par l'humidité, et la méchante bête n'aura pas eu grande peine à y faire le trou que vous voyez.

En effet, on pouvait distinguer dans le bas de la porte l'empreinte encore toute fraîche des dents et des griffes de l'animal.

Comme l'heure de l'étude approchait, les enfants quittèrent Jeannette et Pierrot, et revinrent à la maison où ils racontèrent à leurs parents ce qu'ils avaient vu. Mme Derville en fut très-contrariée ; elle tenait beaucoup à sa basse-cour et avait fait des dépenses assez considérables pour améliorer l'espèce de ses volailles, lesquelles aussi jouissaient dans le canton d'une grande renommée de beauté. Une seule nuit avait perdu le fruit de ses soins et de ses dépenses, et tout était à recommencer.

— Il faudra absolument, dit M. Derville, aviser aux moyens de nous débarrasser de cette bête malfaisante. Autrement, elle nous jouerait encore plus d'un mauvais tour

— Je vous prie, mon ami, d'y penser sérieusement, dit alors Mme Derville ; car tant qu'elle sera dans nos environs, je n'aurai aucun goût à m'occuper de notre basse-cour ; je craindrai toujours de voir mes peines aboutir à la catastrophe de cette nuit. Or, vous savez qu'éloignés de toute grande ville, comme nous le sommes, une basse-cour bien garnie est pour notre table une ressource précieuse et presque indispensable.

— Je le sais fort bien, dit M. Derville, aussi vous pouvez compter que je ne négligerai aucun moyen de vous délivrer de ce maraudeur.

Après cette conversation, l'heure de l'étude ayant sonné, les enfants remontèrent dans leur chambre et se mirent au travail.

La journée se passa sans incident. M. Derville méditait sans doute son plan de campagne contre l'ennemi. Le lendemain, Léon, se promenant derrière les bâtiments de l'habitation, vit Pierrot, qui de loin, en remuant les bras, lui faisait signe de s'approcher. Il courut aussitôt vers lui.

— Eh bien ! que me veux-tu ? lui dit-il, quand il l'eut rejoint.

Monsieur Léon, répondit Pierrot, j'ai découvert la retraite du renard ; il demeure dans une grotte qui est à un demi-quart de lieu d'ici environ.

— Et comment le sais-tu ? demanda Léon.

— J'ai suivi la bête à la piste, dit Pierrot. Tenez, monsieur Léon, regardez par ici ; voyez-vous sur la neige l'empriente des pas de l'animal ?

La trace que désignait le petit paysan était encore très-distincte. Il y avait des pas qui, venant du parc, aboutissaient à la porte par ou le renard s'était ménagé un accès dans le poulailler. Il y en avait d'autres qui, partant de la porte, se dirigeaient vers la campagne; ces derniers indiquaient la route qu'avait prise le renard après son expédition.

— Hier, ajouta Pierrot, après que vous eûtes quitté la basse-cour, je réfléchis que la bête avait dû laisser sur la neige la marque de ses pas. Je vins ici et je vis qu'en effet je ne m'étais pas trompé. Je suivis la piste et elle me conduisit jusqu'à l'entrée d'une grotte, située au bas de cette colline que vous pouvez apercevoir d'ici. J'essayai d'y pénétrer mais je ne pus aller bien avant, parce que l'obscurité m'en empêcha. Je fus obligé de revenir, me promettant d'y retourner aujourd'hui avec une lumière. Je me suis procuré une bougie que j'ai là dans ma poche et j'allais me mettre en route quand je vous ai aperçu. J'ai pensé que vous seriez peut-être bien aisé d'être de la partie, et je vous ai appelé. Songez donc, monsieur Léon, quel triomphe si, à nous deux, nous pouvions prendre le renard!

Cette idée aurait vaincu tous les scrupules de Léon, s'il en avait eu; mais il n'en avait point, et il accepta d'enthousiasme la proposition de Pierrot.

— C'est aujourd'hui jeudi, jour de congé, lui dit-il; je n'ai rien à faire; par conséquent, partons.

Il pensa bien a aller prévenir ses parents de l'expédition qu'il s'agissait d'entreprendre; mais la crainte qu'ils n'y missent quelque obstacle le retint, et, pour couper court à toutes les difficultés qui pouvaient s'élever contre son projet, il résolut de l'exécuter sans en rien dire à personne.

Il fut cruellement puni de cette dissimulation, comme on le verra par la suite.

Les deux enfants se mirent donc en route. Il faisait un froid assez piquant ; mais cela ne servait qu'à donner plus de ressort à leurs jambes et à accélérer leur marche. Ils avancèrent d'un pas rapide, et, en moins d'un quart d'heure, ils arrivèrent devant la grotte.

L'entrée en était basse et étroite, et un épais buisson l'obstruait. Un espace vide, que l'on pouvait aisément distinguer sous les arbustes indiquait le sentier par où passait l'animal pour entrer dans sa retraite, ou pour en sortir. Quelques débris de poils et de plumes, qui pendaient accrochés aux épines, ne laissaient à cet égard aucun doute.

Pierrot passa intrépidement à travers les broussailles, en prenant soin seulement de se garantir le visage avec ses mains, puis, se couchant sur le ventre, il se glissa en rampant dans la caverne. Léon l'imita, et, sauf quelques égratignures, il arriva auprès de lui sans accident. Pierrot se mit aussitôt en devoir de se procurer de la lumière, car l'entrée de l'excavation ne laissait pénétrer qu'un très-faible jour, et, à l'exception de l'endroit où ils se trouvaient, lequel était éclairé par une sorte de clarté crépusculaire, tout était plongé dans une obscurité profonde. Le jeune paysan prit dans la poche de son habit une allumette qu'il frotta contre les parois de la grotte et alluma la bougie dont il s'était muni. Les deux enfants virent alors avec joie qu'ils pouvaient se relever et marcher debout, car la caverne très-étroite et très-basse à l'entrée, comme nous l'avons dit, changeait à l'intérieur de dimensions et se développait tout à coup en largeur et en hauteur. Nos jeunes aventuriers s'y enfoncèrent résolûment.

Ils firent en avant une centaine de pas. Mais ils se trouvèrent alors très-embarrassés. Le chemin qu'ils suivaient se bifurquait en plusieurs embranchements ; l'un tournait à gauche, l'autre à droite. Un troisième, celui du milieu, se dirigeait tout droit devant eux ; ce fut celui-là qu'ils choisirent après quelque hésitation.

Lorsqu'ils eurent marché quelque temps dans cette direction, ils se trouvèrent dans une sorte de salle circulaire où un spectacle inattendu vint frapper leurs regards. Cette salle, au moment où ils y pénétrèrent, s'éclaira subitement de mille lumières. Chaque objet semblait s'être transformé en lustre et lançait des éclairs. Les feux qui jaillissaient ainsi de toutes parts étaient de couleurs extrêmement variées; il y en avait de verts, de bleus, de jaunes. Les deux enfants étaient éblouis de cette illumination extraordinaire; ils n'avaient jamais rien vu de semblable, et Léon crut qu'il avait pénétré dans quelqu'un de ces palais enchantés, bâtis par les Génies, dont il avait lu avec tant de plaisir la description dans le livre des *Mille et une Nuits*.

Mais, à mesure que les deux enfants se rendaient mieux compte de l'endroit où ils se trouvaient, leur étonnement redoublait. La salle paraissait construite sur les dessins d'une architecture merveilleuse; à voir la décoration pleine de grâce et d'élégance dont elle était ornée, et qui dans certains détails ne manquait même pas d'une sorte de symétrie, on n'eût jamais pu croire qu'elle fût l'ouvrage de la nature. On ne l'eût pas davantage attribuée à la main de l'artiste, même le plus ingénieux et le plus habile; celle des fées eût seule paru capable d'un travail si gracieux et si délicat.

De la voûte, qui ressemblait à une immense coupe renversée, pendaient une foule d'ornements de toute forme et de toute grandeur. Il y en avait qui ressemblaient à des pyramides, à des cônes, à des colonnes; d'autres s'étalaient en manteaux, s'épanouissaient en éventails, se hérissaient comme des chevelures ou des crinières. Quelques-uns représentaient des draperies d'une extrême magni-

ficence ou des dentelles d'une délicatesse infinie.
On y voyait aussi toute une végétation capricieuse
de plantes et d'arbustes. Parmi ces arbustes, les
uns étaient nus et dépouillés, les autres se couron-
naient d'un brillant feuillage. Il y avait des ifs tail-
lés en fuseau, des ceps de vigne qui se dévelop-
paient en espaliers et tendaient leurs vrilles pour
se suspendre aux arbustes voisins, des fougères,
des roseaux, des champignons coiffés de leur chapeau. A travers toute cette végétation, qui semblait
avoir ses racines dans la voûte et croissait la tête
en bas, paraissaient ramper des insectes ou des
animaux aux formes étranges et inconnues.

Du sol de la salle s'élançaient des colonnes
pleines d'élégance et de hardiesse, celles-ci canne-
lées, celles-là pleines. Quelques-unes touchaient la
voûte qu'elles semblaient supporter ; d'autres s'en
approchaient plus ou moins sans l'atteindre. Chacune de ces dernières était de grandeur inégale. Il
y en avait qui paraissaient en voie de formation
toute récente ; car elles s'élevaient à peine au-dessus du niveau du sol.

Autour de la salle et incrustés dans les parois, on
voyait une foule d'objets qui rappelaient plus ou
moins fidèlement l'image d'ustensiles à l'usage de
l'homme, des urnes, des cuvettes, des vasques de
bénitiers, des candélabres.

Tous ces objets, pyramides, colonnes, végétations, animaux, et les parois même de la salle, brillaient, étincelaient, jetaient mille feux. Il n'y avait pas un coin qui n'eût son diamant ruisselant de lumières. Quant à la voûte, elle ressemblait au firmament, par une belle nuit d'été, lorsqu'il n'y manque pas une seule étoile.

Les deux enfants contemplaient ce spectacle féerique avec une admiration qui, je dois le dire, n'était pas sans un certain mélange de crainte superstitieuse. Pierrot surtout n'était pas trop rassuré ; c'était un brave enfant pourtant, et devant un péril réel, il eût montré un grand courage. Mais, comme tous les paysans, il avait été nourri, dans son enfance, de légendes de loups-garous et de sorciers. Tous ces récits lui revenaient en ce moment à la mémoire, et son imagination en était fortement ébranlée.

— Monsieur Léon, dit-il à son compagnon d'une voix tremblante, je crois que nous sommes entrés dans la demeure de quelque sorcier. Allons-nous-en, avant qu'il ne nous voie ; les sorciers n'aiment pas qu'on découvre leurs mystères, et celui qui habite cette grotte nous ferait un mauvais parti, s'il nous surprenait ici. Croyez-moi, allons-nous-en.

Léon avait été élevé tout autrement que Pierrot ; il avait souvent entendu son père et sa mère se moquer de la croyance aux sorciers; il savait, en outre, que la religon condamne ces superstitions grossières. Ses idées avaient donc pris un autre cours que celles de Pierrot. Pendant que celui-ci, incapable de penser, se laissait aller à ses impressions, lui, il réfléchissait; il cherchait à découvrir la cause naturelle du spectacle extraordinaire qu'il avait sous les yeux. A la vérité, il n'y parvenait pas; car il n'avait jamais rien lu, ni rien entendu dire qui pût l'éclairer sur ce qu'il voyait. Mais cette recherche même prouvait qu'il avait l'esprit libre et que de vaines terreurs ne le dominaient point.

—Je ne crois point aux sorciers, répondit-il à Pierrot; ce sont des contes ridicules dont les gens instruits se moquent. Tu peux t'en aller, si tu veux; mais moi, je ne sortirai d'ici qu'après avoir tout considéré avec attention.

—Non, monsieur Léon, répondit le brave Pierrot, je ne vous quitterai pas; nous sortirons ensemble, comme nous sommes entrés, ou nous resterons tous deux ici. Ce qui arrivera à l'un arrivera à l'autre.

— Eh bien, à la bonne heure, dit Léon; ne nous séparons pas et faisons d'abord le tour de cette salle.

En même temps, il se mit à marcher et à examiner curieusement chaque objet. Pierrot le suivait portant la bougie. Léon s'approcha d'abord des colonnes; la matière qui les composait semblait être

du marbre; elles étaient toutes d'une blancheur
éclatante. Il en frappa une avec un caillou qu'il
avait ramassé à ses pieds, et elle rendit un son qui
se prolongea quelque temps. Léon en conclut qu'elle
était creuse. Il renouvela cette expérience sur quelques autres, et il vit, par la différence du son, qu'il
y en avait de creuses et de pleines. Il en était de
même de la plupart des autres objets qui ornaient
cette salle singulière. Quelques-uns étaient massifs,
quelques autres vides intérieurement.

Pendant que les deux enfants faisaient cet examen, quelque chose tomba de la voûte sur le visage
de Léon. Il y porta vivement la main et reconnut
que c'était une goutte d'eau; ayant ensuite baissé
les yeux vers le sol, il vit qu'il était sur les bords
d'un joli bassin, rempli de l'eau la plus pure et la
plus limpide. Les gouttes d'eau tombaient incessam-
ment de la voûte dans ce bassin avec un petit bruit
doux et tranquille. C'étaient ces gouttes d'eau qui
l'alimentaient; du moins, on ne lui voyait point
d'autre origine. Il s'en échappait un petit ruisseau
qui allait se perdre sous une des parois de la salle.

En poursuivant leurs recherches, les deux enfants
arrivèrent à un endroit où cette salle, qui jusqu'a-
lors leur avait paru fermée, s'ouvrait sur une immense galerie. Ils y pénétrèrent et, allant toujours
en avant, ils virent un grand nombre d'autres salles

semblables à la première, quant aux objets qu'ils y remarquèrent, mais différentes pour la forme et les dimensions. Il y en avait de très-grandes et de très-petites; il y en avait d'oblongues, de carrées, de triangulaires; toutes les figures géométriques étaient là représentées. Dans quelques-unes d'entre elles, à une certaine hauteur, on distinguait des ouvertures qui semblaient donner accès dans d'autres compartiments, de sorte que cette demeure souterraine paraissait divisée en plusieurs étages de chambres superposées. Mais, comme les deux enfants n'avaient aucun moyen d'atteindre jusqu'à ces espèces de portes ou fenêtres, ils ne purent se rendre compte des parties supérieures de l'édifice, et ils durent se borner à visiter le rez-de-chaussée.

On pense bien que le renard était depuis long-temps oublié. Ils n'avaient plus maintenant d'autre but que de satisfaire leur curiosité. Ils s'enfoncèrent profondément dans la grotte. espérant toujours en trouver la fin. Ils parcoururent une foule de salles, ils firent mille détours, mais ce fut en vain. Lo souterrain se prolongeait indéfiniment et dans tous les sens; il paraissait avoir autant d'étendue que la colline même qui le recouvrait. Les deux enfants songèrent alors à retourner sur leurs pas; ils avaient déjà fait quelque chemin dans cette direction, lorsque tout à coup Pierrot, qui marchait derrière Léon et l'éclairait, trébucha contre une pierre qui embarrassait le chemin et tomba par terre en poussant un cri. En même temps, la bougie qu'il portait à la main s'éteignit, et ils se trouvèrent plongés dans une obscurité profonde.

L'accident était grave, et Léon s'effraya, mais Pierrot s'empressa de le rassurer.

— Ne craignez rien, monsieur Léon, lui dit-il, j'ai des allumettes, et je vais rallumer la bougie.

Il tira, en effet, une allumette de sa poche et la frotta contre une pierre. Le phosphore laissa sur la pierre une trace lumineuse qui brilla dans les ténèbres, mais, à la grande surprise des deux enfants, l'allumette ne s'enflamma pas. Il en essaya une seconde, puis une troisième, sans succès. Léon crut être plus heureux : il se fit donner par Pierrot plusieurs allumettes, qu'il frotta à son tour contre les parois de la grotte, il ne réussit pas mieux que son compagnon. Pierrot était tombé à côté d'une flaque d'eau, et, dans sa chute, la poche de son habit, qui contenait les allumettes, avait été légèrement mouillée, de sorte qu'elles avaient perdu par l'humidité la faculté de s'enflammer.

Lorsque les deux enfants se furent convaincus qu'il leur était impossible de rallumer leur bougie, ils tombèrent dans une profonde consternation. Comment revenir à la lumière du jour ? Comment retrouver, au milieu de l'obscurité profonde qui les enveloppait de toutes parts, le chemin qu'ils avaient suivi? Cette caverne formait une espèce de labyrinthe, et, pour arriver au point où ils se trouvaient, ils avaient fait une foule de détours. Comment se reconnaître, au milieu de cette complication de chàmbres et de corridors! Avec une lumière, c'était déjà une chose difficile ; mais dans les ténèbres? Des idées effrayantes, lugubres, se présentèrent à l'esprit des malheureux enfants. Ils n'avaient parlé à personne de leur projet ; personne ne les avait vus partir, et, par conséquent, on ignorait à Coarraz jusqu'à la direction qu'ils avaient prise. Qui pourrait jamais se douter qu'ils étaient dans ce souterrain? Ils n'avaient évidemment aucune chance de salut à attendre du dehors et d'une intervention étrangère ; et, quant à se tirer d'affaire eux-mêmes, c'était une entreprise qui leur paraissait chimérique. Devaient-ils donc rester ensevelis dans cette caverne, et y mourir lentement de faim? Cette idée était affreuse et les faisait frissonner. Léon se rappela les aventures effroyables qu'il avait lues dans différents livres, et qui avaient quelque rapport avec ce qui leur arrivait, celle, entr'autres, de ce jeune homme perdu dans les catacombes de Rome, et mise en vers par Delille ; celle aussi de cet ouvrier de Lyon, Dufauvel, surpris par un éboulement et enfermé dans une mine comme dans un tombeau. Ces souvenirs augmentaient encore son épouvante.

Bien qu'ils n'eussent qu'une très-faible espérance de retrouver leur route, comme c'était la seule chance de salut qui leur restât, ils résolurent d'essayer du moins d'y réussir. Ils se consultèrent et cherchèrent, en mettant leurs souvenirs en commun, à se rappeler les différentes directions qu'ils avaient prises. Ils différèrent d'avis sur plusieurs points, mais ils finirent par se mettre d'accord, moins, à la vérité, parce que l'un avait convaincu l'autre, que parce qu'il fallait absolument statuer sur le chemin à suivre. Après avoir ainsi délibéré et pris conseil, ils commencèrent à chercher dans les ténèbres, tâtant les murs et sondant le terrain. Pierrot allait en avant et Léon le suivait, le tenant par le bas de son habit; il avait été convenu qu'on prendrait cette précaution, dans la crainte de se séparer.

Les deux enfants marchèrent ainsi plusieurs heures, tantôt pleins d'espoir, tantôt complètement découragés. Dans certains moments, ils croyaient reconnaître les lieux par où ils avaient déjà passé et être sur la voie du salut; dans d'autres, il leur semblait que tout ce qu'ils touchaient était nouveau pour eux et que la configuration des salles où ils se trouvaient leur était tout à fait inconnue. Ce qui était sûr, c'est qu'ils n'avaient pas encore retrouvé celle où ils étaient d'abord entrés, la salle au bassin, et il fallait nécessairement en conclure qu'ils n'approchaient point encore de l'issue de la grotte. Or, bien qu'ils ne se rendissent pas un compte exact du temps, il semblait que, depuis qu'ils marchaient, ils auraient dû arriver à cette issue, s'ils avaient suivi le bon chemin. Il y avait donc déjà de graves raisons de supposer qu'ils s'étaient égarés. Cette probabilité acquérait plus de force de moment en moment, et elle finit par se changer pour les malheureux enfants en une complète certitude.

Épuisés de fatigue, l'âme abattue par les pensées les plus sinistres, ils renoncèrent à lutter contre le sort qui semblait leur être réservé; ils s'assirent tristement par terre, et s'abandonnèrent à leur désespoir. Pierrot avait une douleur silencieuse et ne versait pas une larme; mais il n'en était pas de même de Léon. Le pauvre enfant sanglotait et pleurait abondamment, ses pensées le reportaient vers Coarraz; il revoyait par l'œil de la mémoire son papa, sa maman, ses sœurs, son frère, la vieille Manette, et jusqu'à Pilate.

« Que font-ils maintenant? se demandait-il en « lui-même : mes parents sont à leurs occupations « ordinaires, mes sœurs et mon jeune frère jouent; « ils sont sans inquiétude, ils ne se doutent pas que

« je suis ici, enseveli dans ce lieu funeste comme
« dans un tombeau, sans aucun espoir d'en sortir.
« Ah! s'ils savaient dans quel péril je me trouve,
« avec quel empressement ils accourraient tous à
« mon secours ! Oui ; mais ils ne le savent pas, et
« il n'y a aucun espoir qu'ils le sachent jamais. Je
« périrai ici sans revoir leurs visages, sans recevoir
« leurs embrassements. Ma disparition, ma mort
« sera pour eux un mystère impénétrable. Dans ce
« moment, ils ne soupçonnent rien encore sans
« doute ; mais à l'heure du dîner, lorsqu'ils ne me
« verront pas reparaître, que diront-ils ? ils s'in-
« formeront, ils demanderont : Où est Léon? qui
« est-ce qui a vu Léon ? Personne ne répondra. Ce-
« pendant, ils ne s'inquiéteront pas encore beau-
« coup; ils diront : quelque partie de plaisir trop
« intéressante lui aura fait oublier l'heure ; cela lui
« est déjà arrivé plusieurs fois, et puis, il est in-
« exact par caractère ; il va arriver ; voilà ce qu'ils
« diront pour se rassurer ; mais les heures s'écou-
« leront, la nuit surviendra et je n'arriverai pas.
« Alors, une mortelle inquiétude s'emparera d'eux,
« et elle s'accroîtra d'heure en heure, de moment
« en moment ; papa sera au désespoir, maman
« sanglotera, et mon petit frère, ainsi que mes sœurs,
« éclateront en gémissements ; toute la maison sera
« bouleversée. Pauvres chers parents, chères sœurs

« et toi aussi, mon bon petit Jules, quel affreux cha-
« grin je vais vous causer à tous ! pardonnez-le-moi,
« je vous en prie. Hélas ! je suis bien cruellement
« puni de ma faute ! »

Et, ému jusqu'au fond de l'âme par ces idées at-
tendrissantes, le pauvre enfant fondait en larmes.

Pierrot n'était peut-être pas agité de pensées
moins douloureuses, mais la dure et saine éducation rustique qu'il avait reçue, en lui fortifiant le
cœur, lui avait appris à dominer ses émotions. Avec
l'habitude de la pauvreté et des nombreux inconvénients qu'elle entraîne à sa suite il avait acquis
celle de la résignation. Enfin, il n'y avait pas longtemps qu'il avait fait sa première communion, et il
était encore tout imbu des préceptes de son caté-
chisme. Celui qui commande la soumission à la
volonté de Dieu lui revenait particulièrement à la
mémoire, dans la situation critique où il se trouvait. Il ne versa pas une larme ; assis par terre, à
côté de son compagnon, il demeurait tranquille et
silencieux. Lorsqu'il entendit son jeune maître
éclater en sanglots, il essaya de le consoler.

— Monsieur Léon, lui dit-il, à quoi bon pleurer ?
les larmes et le désespoir ne nous sauveront pas ; si
personne au monde ne sait où nous sommes, le bon
Dieu le sait, lui, car il sait tout ; il voit notre affreuse
situation, et il peut, s'il le veut, nous secourir dans

notre détresse. Invoquons-le, et demandons-lui de nous prendre sous sa protection.

— Tu as raison, Pierrot, répondit Léon, lui seul peut venir à notre aide, c'est notre unique refuge. Prions-le de ne pas nous abandonner.

Les deux enfants se mirent à genoux et adressèrent à Dieu une fervente prière.

Après qu'il eut accompli cet acte de religion, Léon se sentit plus calme. Il reprit sa première position, bien désolé encore, mais résigné à subir sans murmurer la volonté de Dieu, quelle qu'elle fût. Pierrot s'était également rassis à côté de lui.

Ils restèrent ainsi plusieurs heures; puis, accablés de lassitude et épuisés d'émotion, ils s'endormirent. Lorsqu'ils se réveillèrent, il leur sembla que leur sommeil avait duré longtemps, mais ils n'avaient aucun moyen de vérifier leur conjecture. Léon avait bien sa montre, mais, dans l'obscurité profonde où ils étaient plongés, elle ne pouvait pas lui servir à grand'chose. Cependant, en tâtant les aiguilles avec les doigts, il crut reconnaître, par leur position, qu'elles indiquaient onze heures et demie. Comme ils étaient partis de Coarraz à midi ou à peu près, l'heure indiquée ne pouvait être que onze heures et demie du soir. A ce moment, tout le monde devait être, à Coarraz, dans la consternation et le désespoir. Cette pensée renouvela la douleur de Léon, et il se prit de nouveau à pleurer.

A la nuit la plus ténébreuse se mêle toujours quelque clarté. C'est une vitre qui brille, une flaque d'eau qui forme un point blanc sur la route, un ver luisant qui a allumé son phare et étincelle sur son brin d'herbe. De même, il y a toujours un peu de bruit dans le plus complet silence; un chien aboie au loin dans la campagne, un insecte bourdonne, une feuille frémit; mais là, sous ces voûtes souterraines, régnaient les ténèbres et le silence absolu. Les yeux ouverts sur cette obscurité effroyable, Léon s'efforçait de la percer; mais, partout où il portait son regard, il ne voyait que la nuit, une nuit terrible, inexorable. A la fin, cependant, il crut distinguer quelque chose sur le voile ténébreux étendu devant lui. En face de l'endroit où il se trouvait, il voyait ou croyait voir comme deux points lumineux qui étincelaient dans l'ombre; ces points brillants disparaissaient et reparaissaient à des intervalles presque réguliers. Le temps que duraient ces éclipses était si court qu'il fallait une extrême attention pour s'en apercevoir. Les deux petites étoiles restaient le plus souvent immobiles; mais quelquefois, elles changeaient de place, se haussant se baissant et inclinant à droite ou à gauche. Du reste, elles conservaient toujours entre elles la même distance. Étonné et effrayé en même temps de ce phénomène, Léon se pencha à l'oreille de Pierrot et d'une voix qui ressemblait à un souffle, tant elle était basse et faisait peu de bruit, il lui dit :

— Pierrot, vois-tu ?

— Quoi ? dit Pierrot.

— Ces deux objets qui brillent devant nous.

— Oui, monsieur Léon, répondit Pierrot. Je les vois déjà depuis quelque temps ; mais je n'ai pas voulu vous les montrer de peur de vous effrayer.

— Et que penses-tu que ce soit ?

— Ce sont, peut-être, répondit Pierrot, deux pierres brillantes comme nous en avons tant vu dans cette grotte.

Pierrot ne croyait pas ce qu'il disait ; il cherchait à donner le change à Léon, ne voulant pas lui communiquer la conjecture qu'il avait faite, laquelle était tout autre. Mais Léon n'admit point sa supposition.

— Ce n'est pas ce que tu dis, répliqua-t-il. Les pierres, quelque brillantes qu'elles soient, ne brillent point dans l'obscurité, et puis, d'ailleurs, cela remue et change de place.

— C'est vrai, dit Pierrot.

— Eh bien, alors, qu'est-ce que cela peut être ? insista Léon.

— Monsieur Léon, dit Pierrot, si vous me promettez de ne pas vous effrayer, je vous dirai ce que je pense.

— Parle, dit Léon, je n'aurai pas peur. Si j'ai pleuré tout à l'heure, c'est bien plus en pensant à la douleur de mes parents qu'en songeant à mon propre malheur. Ainsi, encore une fois, parle.

— Eh bien, monsieur Léon, dit Pierrot, je pense que ce que nous voyons briller, ce sont les deux yeux d'un animal.

—Peut-être d'une bête féroce, dit Léon ; d'un loup, ou d'un ours ?

— Peut-être, répondit Pierrot ; cependant, je ne le crois pas. Je l'ai cru d'abord et je me suis, à tout évènement, armé d'une grosse pierre ; j'en avais même mis une à part pour vous ; afin qu'en cas d'attaque nous pussions au moins nous défendre. Mais si c'était une bête féroce, elle n'aurait pas tant tardé à se jeter sur nous. Il y a longtemps, deux heures au moins, que je vois briller ces deux lumières.

— Dieu veuille que tu aies raison, répondit Léon ; mais, dans tous les cas, passe-moi la pierre que tu me destinais.

Pierrot exécuta ce que Léon lui demandait. Mais dans le mouvement qu'il dut faire pour passer la pierre à son compagnon, un léger bruit eut lieu. Les enfants, qui avaient toujours les yeux fixés sur les deux points brillants, remarquèrent alors qu'ils devinrent tout à coup immobiles et prirent un éclat extraordinaire ; en même temps, un certain bruit se fit entendre dans l'endroit où ils rayonnaient. Les deux enfants crurent qu'ils allaient être attaqués et se tinrent sur leurs gardes ; chacun d'eux serra avec force sa pierre dans sa main et s'apprêta à se défendre. Mais ce fut une fausse alerte. Les choses rentrèrent bientôt dans l'état où elles étaient avant cet incident.

Les deux petits garçons avaient jusque-là montré beaucoup de courage, mais à la longue les ténèbres produisirent sur eux leur effet ordinaire ; elles enlèvent à l'homme, même dans la maturité de l'âge, une partie de sa force et de son courage, elles détendent peu à peu tous les ressorts de l'âme ; mais leur action est surtout désastreuse sur l'organisation délicate et impressionnable d'un enfant. Léon et son compagnon d'infortune avaient ressenti de terribles émotions, et leur énergie s'y était épuisée. Le sommeil auquel ils s'étaient abandonnés, rempli d'agitation et troublé par des visions lugubres, les avait affaiblis plutôt que fortifiés. Enfin, ils commençaient à éprouver les tortures de la faim et c'était une cause nouvelle de défaillance morale ajoutée à toutes les autres. Les deux petits malheureux tombèrent peu à peu dans un découragement profond.

Léon lâcha sa pierre, s'adossa à la paroi de la grotte et laissa tomber ses bras le long de son corps, ne pensant plus à l'animal qui pouvait se jeter sur lui à tout moment et le déchirer, insensible désormais à tout ce qui pouvait arriver. « A quoi bon, en effet, « se disait-il, défendre ma vie? Ne faudra-t-il pas « toujours que je meure ici? Et, puisqu'il en est « ainsi, ne vaut-il pas mieux que je périsse tout de « suite sous la dent d'une bête féroce que lenté- « ment et en détail dans le long supplice de la « faim ? »

Il faisait ces tristes réflexions, lorsque tout à coup il sentit comme un souffle chaud sur sa main. Effrayé, il se rejeta vivement du côté de Pierrot; mais celui-ci, avant qu'il eût le temps d'interroger son jeune maître, sentit à son tour sur son visage cette même impression humide et chaude. En ce moment, ces deux points lumineux qui les avaient tant effrayés disparurent, et ils entendirent distinctement le bruit d'un animal qui s'enfuyait en s'enfonçant dans les ténébreuses profondeurs de la grotte. En même temps, tout près d'eux, un joyeux aboiement faisait retentir la caverne.

— C'est Pilate! s'écria aussitôt Pierrot, je reconnais sa voix; nous sommes sauvés!

— Pilate! s'écria à son tour Léon. Est-ce possible ?

— Cela est certain, dit Pierrot; vous ne pouvez le voir, mais vous pouvez du moins le toucher; tenez, le voilà.

— C'était Pilate, en effet; il s'était approché de Pierrot qui l'avait saisi, et qui en ce moment l'offrait à Léon.

Celui-ci le prit et l'embrassa avec ardeur.

— O mon Dieu, s'écria-t-il ensuite, je vous remercie, vous êtes bon et vous avez eu pitié de nous!

Lorsque ces premiers transports de joie et de reconnaissance furent un peu calmés, les deux enfants se consultèrent.

— Qu'allons-nous faire maintenant? dit Léon. Nous avons Pilate, c'est beaucoup; mais nous ne sommes pas encore sauvés.

— Soyez tranquille, monsieur Léon, tout ira bien. Passez-moi seulement votre cravate et votre mouchoir de poche.

Léon donna à Pierrot les deux objets qu'il demandait. Celui-ci les roula en corde et les attacha par les bouts; cela lui fit une laisse pour Pilate. Quand il l'eut nouée autour du cou du petit animal :

— Maintenant, voyez-vous, monsieur Léon, nous allons être comme deux aveugles conduits par un chien. Prenez le bout de la corde et laissez-vous conduire par Pilate. Moi, je vous suivrai par derrière; je vous réponds qu'avant peu nous allons revoir les champs, les arbres, et le soleil du bon Dieu.

Léon suivit les conseils de Pierrot; il prit la laisse, se leva et s'abandonna à l'instinct de Pilate. Celui-ci tira le lien et Léon, cédant à la traction, le suivit.

L'intelligente petite bête les fit d'abord revenir sur le chemin qu'ils avaient déjà parcouru, puis il tourna sur la droite et marcha longtemps dans cette direction. Quelquefois il s'arrêtait et semblait se consulter sur la route qu'il devait suivre; il flairait la terre et les enfants entendaient son souffle. En-suite il repartait, ayant pris son parti et ne faisant plus paraître aucune hésitation. Après une marche qui, en réalité, fut assez courte, mais qui parut bien longue aux deux enfants, ils arrivèrent dans la salle du bassin; ils reconnurent qu'ils étaient dans cette salle en entendant le bruit que faisait Pilate en buvant et en lapant l'eau du bassin avec sa langue. Quelques minutes après, ils distinguè-rent quelques faibles rayons de clarté, et ils com-prirent qu'ils n'étaient pas loin de l'entrée de la caverne. En revoyant cette divine lumière, dont leurs yeux étaient privés depuis si longtemps, ils se jetèrent à genoux et remercièrent Dieu qui les avait tirés si miraculeusement de l'abîme où leur

imprudence les avait engagés. Ensuite, ils se relevèrent, et peu d'instants après, ils sortaient de ce
lieu funeste qui avait si bien failli devenir leur tombeau.

— Ah! monsieur Léon, s'écria alors une voix à
côté d'eux, quel chagrin vous avez causé à vos parents et à nous tous !

C'était François qui paraissait les avoir attendus
à l'entrée de la grotte et qui pleurait de joie en les
revoyant.

— Oui, oui, ma bonne petite bête, dit-il ensuite,
en s'adressant à Pilate qui sautait à ses jambes,
aboyant et remuant la queue joyeusement. Oui, tu
es un bon chien et tu as plus d'esprit que nous
tous.

Il prit ensuite le petit animal et l'embrassa en
lui faisant mille caresses.

— Hâtons-nous, reprit-il alors, de retourner à
Coarraz pour y faire succéder la joie au désespoir
qui y règne depuis vingt-quatre heures.

Il y avait, en effet, près de vingt-quatre heures
qu'on avait commencé à s'inquiéter de l'absence
extraordinaire de Léon et de Pierrot. Il y en avait
environ trente-six que les deux imprudents s'é-
taient enfoncés dans le souterrain.

On se mit en route.

Chemin faisant, François raconta à Léon ce qui

s'était passé à Coarraz, lorsqu'on s'y fut aperçu de son absence.

— D'abord, dit-il, on pensa que vous ne tarderiez pas à rentrer, et l'on se rassura un peu sur cette espérauce ; mais, quand on vit que la nuit arrivait et que vous ne reveniez pas, tout le monde fut inquiet. Votre maman pleurait, vos sœurs et votre petit frère pleuraient ; le général se promenait sur la terrasse, les yeux toujours fixés sur la porte du chemin ; il ne pleurait pas, lui ; il ne prononçait pas une parole ; mais on voyait bien qu'il souffrait cruellement. Lorsque la nuit fut tout à fait venue, il nous envoya de différents côtés à votre recherche ; nous avons battu la campagne toute la nuit sans retrouver vos traces. Qui aurait jamais pu se douter que vous étiez venus de ce côté? D'ailleurs, on suivait les chemins : on ne pouvait s'aviser que vous aviez coupé à travers champs. Il n'y a pas plus de deux heures que j'ai commencé à concevoir quelque espoir de vous retrouver. Voici comment : je suivais le petit sentier que vous voyez d'ici sur notre gauche ; j'avais avec moi Pilate ; comme c'est son habitude, il s'écartait à droite et à gauche, courant et aboyant après les alouettes. Voulant diriger mes recherches d'un autre côté, je le rappelai, mais il n'obéit pas à mon commandement. Il dressa les oreilles, me regarda, puis il remit le

museau en terre, ayant l'air de flairer une trace.
Je le rappelai de nouveau et d'une voix plus impérieuse ; il exécuta la même pantomime que la première fois, et il ne vint pas. Cette désobéissance qui
n'est point dans ses habitudes, me fit réfléchir. Je résolus d'aller voir ce qui paraissait l'intéresser si vivement. Arrivé près de lui, je reconnus l'empreinte
de vos pas et même celle des pas du renard qui ne
s'était pas encore complètement effacée. Alors, je
compris tout ; je suivis cette piste, et elle m'amena
jusqu'à l'entrée de la grotte. Pilate s'y glissa, et
j'aurais bien voulu en faire autant ; mais ma taille
est toute autre que la sienne, et cela me fut impossible. L'entrée était trop étroite : je n'avais point
d'outils pour l'élargir, et il eût été trop long de retourner à la maison pour en chercher ; je résolus
d'attendre, espérant tout de l'intelligence de mon
brave petit chien. Ma confiance en lui a été bien
justifiée, comme vous voyez.

Les deux enfants avaient de trop bonnes raisons
d'aimer et d'estimer Pilate pour ne pas acquiescer à
tous les panégyriques qu'on pouvait faire de lui.
Aussi, ne manquèrent-ils pas de s'associer à l'hommage que venait de lui rendre François. Ils racontèrent ensuite à celui-ci comment ils étaient entrés
dans la grotte en suivant la piste du renard et en
cherchant son terrier, les choses merveilleuses

qu'ils y avaient vues, la chute de Pierrot, lorsqu'ils étaient déjà en route pour revenir, l'extinction de leur bougie et leurs essais infructueux pour la rallumer, leur consternation, lorsqu'ils reconnurent qu'ils s'étaient égarés; leurs terreurs, quand ils distinguèrent devant eux les deux yeux d'une bête inconnue; enfin, l'intervention de Pilate et leur délivrance. En écoutant ce récit douloureux, le bon François ne pouvait s'empêcher de verser des larmes.

Mais tout à coup, et sans discontinuer de pleurer, il se mit à chanter à tue-tête une chanson villageoise. Léon et Pierrot crurent qu'il devenait fou, et Pilate lui-même, avait l'air de n'y rien comprendre. Il s'aperçut de l'étonnement général que provoquait sa gaieté bizarre.

— Vous êtes surpris que je chante et que je pleure en même temps, dit-il en s'adressant à Léon. Mais, voyez-vous, monsieur Léon, nous approchons de la maison, et il faut préparer votre maman à la grande joie qu'elle va ressentir; autrement, le saisissement pourrait lui faire beaucoup de mal. C'est à cause de cela que je chante. En m'entendant chanter, on se doutera de quelque chose. On ira trouver notre maîtresse et on lui dira : « Madame, voilà François qui revient, et il chante de toutes ses forces. Bien sûr qu'il ne chanterait pas, s'il n'apportait pas quelques bonnes nouvelles. » Cela la préparera à vous revoir.

Après avoir donné cette explication à Léon qui la trouva très-satisfaisante, il se remit à chanter à gorge déployée, et ce fut en chantant qu'il arriva à la porte de la maison.

L'expédient de François avait eu à Coarraz tout le succès qu'il en attendait. On y avait entendu sa voix et on avait compris son intention. Je ne puis dire que le chant de François fût très-harmonieux ; mais jamais musique ne fit tant de plaisir. Tout le monde se trouvait réuni sur la terrasse pour le voir arriver. Mme Derville y était accourue la première, toute pâle d'émotion, partagée entre la crainte et l'espérance. Je renonce à décrire ses transports de joie, lorsqu'elle vit arriver sain et sauf le fils qu'elle avait cru perdu.

Quant à M. Derville, il était parti dès la pointe du jour pour faire de nouvelles recherches, et il n'était pas encore revenu. Il ne rentra que le soir dans sa maison, où il trouva installés le bonheur et la joie, à la place du désespoir et de la douleur qu'il y avait laissés.

V

Le soir, lorsque Léon, bien caressé, bien choyé
et ayant bien bu et bien mangé, ce dont il avait
surtout grand besoin, eut remonté dans sa chambre avec son jeune frère et se fut mis au lit, la
vieille Manette entra, suivant son habitude, pour
voir si tout était bien en ordre. C'était une personne
encore très-alerte, malgré son grand âge, et qui
portait dans toutes ses actions un certain entrain
vif et joyeux. Aussi son inspection quotidienne ne
lui prenait-elle d'ordinaire que très-peu de temps.
En un tour de main, elle avait mis chaque chose à
la place qui, d'après ses idées, d'ailleurs fort arbi-
traires, lui convenait le mieux; puis, ayant sou-
haité le bonsoir aux enfants, elle se retirait. Mais
ce soir-là, un grand changement se fit remarquer
dans sa manière habituelle d'agir. Elle n'avait point
cette allure délibérée qui lui était familière; elle

n'adressait aux enfants aucun de ces reproches, durs de forme, mais au fond pleins de tendresse, dont elle ne manquait jamais d'accompagner la réparation de leur négligence. Elle paraissait aussi avoir perdu et ce coup d'œil infaillible qui lui permettait de découvrir, dès le seuil de la porte, le plus léger désordre, et cette promptitude d'exécution qui le lui faisait réparer sur-le-champ. Languissamment et sans dire mot, elle allait et venait dans la chambre, ramassant un bas, une bretelle, et les mettant sur une chaise, puis les reprenant pour les mettre sur une autre. Pour qui connaissait les habitudes de Manette, c'était là l'indice d'un grand trouble. Aussi Léon ne s'y trompa-t-il point. Bien que le sommeil pesât lourdement sur ses paupières, il l'examinait depuis quelque temps avec attention. A un certain moment, il vit distinctement deux grosses larmes qui roulaient sur les joues ridées de la bonne vieille; elle les essuya avec le revers de sa main et se tourna vivement de côté, sans doute pour dérober aux regards des enfants une émotion qui l'avait gagnée malgré elle.

— Qu'as-tu? ma bonne Manette, lui dit Léon, et pourquoi pleures-tu?

— Moi! monsieur Léon, répondit la vieille femme, est-ce que je pleure? et pourquoi pleurerais-je? N'ai-je pas, au contraire, tout sujet d'être contente, ce soir? Vous voilà de retour, et la joie règne dans toute la maison.

— Tout cela est très-bien, dit Léon, mais il n'en est pas moins vrai que tu as pleuré ; je m'en suis très-bien aperçu, malgré tes précautions pour me cacher tes larmes ; et tiens, les voilà qui coulent de nouveau.

En effet, la bonne vieille pleurait et, cette fois, la chose était si manifeste qu'il n'y avait pas moyen de le nier.

— Eh bien, oui, dit-elle alors, je pleure ; mais voyez-vous, monsieur Léon, lorsque je suis entrée dans cette chambre et que je vous ai vu dans ce lit qu'hier au soir, j'ai été obligé de laisser vide, cela m'a fait dans tout le corps une révolution ; je n'ai pu me retenir et il a fallu que je me soulageasse en pleurant. Vous pensez bien que personne n'a dormi la nuit dernière. Le général était parti à votre recherche ; votre maman ne pouvait rester cinq minutes dans le même lieu. Elle parcourait tous les appartements de la maison, la terrasse, le jardin, les allées du parc, criant, vous appelant. Elle était comme une folle, de chagrin et d'inquiétude. Nous nous efforcions tous de la consoler et de lui donner de l'espérance ; mais nous n'y réussissions guère. « Où est mon fils? Rendez-moi mon fils ! répétait-elle » sans cesse avec égarement. Mauvais serviteurs,

» vous n'avez pas su veiller sur lui, le conserver à
» sa mère ; j'ai pourtant toujours été bien bonne
» pour vous, moi. » Puis, elle éclatait en sanglots.

Elle était bien injuste pour nous, la pauvre dame ;
mais c'était la douleur qui la faisait parler comme
ça. Ses reproches et surtout son désespoir nous fen-
daient l'âme, monsieur Léon. Pour moi, incapable
d'y tenir plus longtemps, je m'enfuis dans ma
chambre, mais je n'y pus rester. Je descendis sur la
terrasse où je demeurai jusqu'au jour. De temps en
temps, je me figurais que je faisais un mauvais
rêve. Je remontais jusqu'à votre chambre, espérant
que j'allais vous trouver couché et dormant tranquillement dans votre lit. J'ouvrais la porte en tremblant ; mais la vue de ce lit vide dissipait vite mes
illusions. Ah ! monsieur Léon, quelle nuit affreuse
vous nous avez fait passer !

— Ma foi, ma bonne Manette, répondit Léon, la
mienne n'a guère été meilleure.

— Oh ! pour cela, je le pense bien, dit la bonne
vieille, faisant un retour sur l'horrible situation où
s'était trouvé son jeune maître. Comme vous avez dû
avoir peur et quelles pensées terribles ont dû traverser votre esprit, lorsque vous vous êtes vu enfermé dans cette caverne, sans espoir d'en sortir !

— Véritablement, dit Léon, je me suis cru perdu
sans ressource ; mais je t'assure, ma bonne Manette,

que ce qui me faisait le plus de peine, ce n'était pas le danger que je pouvais courir; j'étais surtout troublé par la pensée de la douleur que ma disparition allait causer à maman, à papa, et à toute la maison.

— Je le crois, mon cher enfant, dit Manette; car vous avez toujours eu bon cœur. Mais aussi, une autre fois, avant de vous exposer à un péril quelconque, songez au chagrin dans lequel un accident qui vous arriverait plongerait tout le monde. Cette pensée vous rendra plus prudent.

— Ce n'est pas la prudence, répliqua Léon, qui m'a manqué dans cette circonstance. Pierrot avait une bougie, des allumettes. Sans cette chute qu'il a faite et qu'il était impossible de prévoir, il ne nous serait rien arrivé de fâcheux. Pour que sa chute même devînt un accident si grave, il a fallu qu'il se trouvât là une flaque d'eau et juste dans l'endroit où a porté la poche de son habit qui contenait les allumettes. Considère quel concours singulier de circonstances malheureuses. C'est comme une fatalité.

— Oui, répondit Manette; mais vous aviez fait une première faute, en dissimulant à vos parents le dessein que vous aviez conçu. Remarquez que, si vous les aviez prévenus, toutes ces circonstances fatales dont vous parlez, n'auraient eu aucune conséquence grave. On aurait su où vous étiez, et, lorsque vos parents auraient vu que vous ne veniez pas, ils auraient envoyé des gens qui vous auraient tiré d'embarras. Qui vous dit que le bon Dieu n'a pas disposé les choses tout exprès pour vous punir de ce manque de confiance dans vos parents ?

Léon sentit la force de cet argument, car il n'y répondit rien. La bonne vieille, voyant qu'il avait grand besoin de repos, le laissa et alla elle-même se livrer au sommeil.

Le lendemain et les jours suivants, il fut, comme on pense, beaucoup question parmi les enfants et les gens de la maison, des aventures de Léon et de Pierrot et des merveilles qu'ils avaient vues dans la grotte mystérieuse. Sous l'émotion des premiers moments, on n'avait pas songé à leur demander le récit détaillé de leur voyage souterrain. Mais lorsque le calme fut rentré dans les esprits et dans les cœurs, la curiosité reprit son empire et il fallut que les deux enfants fissent à tout le monde la description de ce qu'ils avaient vu. Le général lui-même voulut l'entendre et, comme il était, un soir, sur la terrasse avec sa famille, il pria Léon de lui dépeindre avec soin les objets qui l'avaient le plus frappé, pendant son séjour dans la grotte, en l'engageant à se bien rappeler tous les détails et à n'en omettre aucun, si cela était possible.

Léon obéit à son père ; il lui exposa tout ce qu'il

avait observé dans la caverne et lui fit à peu près le même récit que nous avons fait nous-même à nos lecteurs dans le chapitre précédent. On comprend tout l'intérêt qu'il excita parmi les autres enfants ; en entendant leur frère, ils ne pouvaient s'empêcher de faire la réflexion qu'après tout il n'avait pas payé trop cher le plaisir de contempler de si rares merveilles. Quant à Mme Derville, elle était sous l'influence d'un tout autre sentiment ; elle frémissait à la pensée des dangers que son fils avait courus.

Lorsque Léon eut achevé de raconter ses aventures :

— Je connais, dit M. Derville, un certain nombre de grottes qui ressemblent beaucoup à celle que tu viens de nous dépeindre et qui a failli te devenir si funeste. Cependant, je ne pense pas qu'il en existe qui réunissent un ensemble aussi considérable d'objets rares et curieux. Telle grotte est remarquable par un genre particulier de phénomène, telle autre, par un autre ; mais la tienne, Léon, semble les rassembler tous. Je te félicite de ta découverte ; qui sait si elle ne fera pas passer ton nom à la postérité ? Le malheur est que cela ne peut arriver sans que les générations futures ne soient en même temps informées de ton étourderie et de ton défaut de confiance en tes parents ; considéra-

tion qui doit rabattre un peu la vanité qu'une perspective si brillante pourrait t'inspirer. Plaisanterie
à part, ton récit a vivement piqué ma curiosité. Je
pense en outre que cette grotte pourrait être pour
vous un sujet d'instruction intéressant. Aussi je
propose, à moins que vous n'y voyiez quelques inconvénients, d'aller tous ensemble la visiter un de
ces jours.

Les paroles de M. Derville furent accueillies avec
des applaudissements unanimes.

— A ce que je vois, reprit M. Derville en souriant,
il n'y a point d'objection?

— Non, non, répondirent-ils tous.

— Maintenant, reprit M. Derville, il s'agit de
fixer un jour. C'est demain dimanche; que dites-
vous de demain ?

— Oui, oui, s'écrièrent-ils en chœur ; demain.

— Je vois avec plaisir, reprit le général, que mes
propositions sont généralement goûtées, et je me
félicite du bon accord qui règne entre nous. Va donc
pour demain. Vous serez aussi de la partie, ma
chère amie, ajouta-t-il en se tournant vers sa
femme. Cette promenade vous intéressera, j'en suis
sûr.

— Mais, mon ami, dit Mme Derville, comment
voulez-vous que je pénètre dans cette grotte? Léon
vous a dit qu'on ne pouvait s'y glisser qu'en ram-

pant. Or, il n'y a réellement pas moyen que j'y entre de cette façon.

— Non, sans doute, répondit M. Derville ; mais vous y entrerez comme moi et comme nous tous, debout. Je vais, ce soir même, envoyer des gens qui en quelques coups de pioche élargiront l'ouverture et nous ménageront une entrée facile.

— Dans ce cas, dit Mme Derville, je vous accompagnerai avec plaisir. Mais il nous faut des torches.

— Je vais m'en occuper dit le général.

En effet, il manda François et lui donna l'ordre de ramasser quelques échalas en bois de sapin bien sec et de les enduire d'une légère couche de résine. Ces morceaux de bois, ainsi préparés, s'allument très-facilement et brûlent assez longtemps ; ils forment d'excellentes torches.

Le lendemain, tout le monde se leva de bonne heure. On alla entendre la messe à l'église du village et, au sortir de l'office, on se dirigea vers la grotte. Bon nombre de villageois, ayant appris de quoi il était question, se mirent à la suite de la famille Derville, curieux de voir une chose dont on faisait tant de bruit depuis quelque temps. Il y avait surtout une multitude de petits paysans ; ils marchaient autour de Léon et de Pierrot qu'ils considéraient avec admiration, à cause de leurs aventures précédentes. La découverte qu'ils avaient faite de la grotte et les périls qu'ils avaient courus devaient leur donner, pour longtemps, auprès des enfants du pays une énorme considération. Aux yeux des petits paysans, ils étaient donc les vrais lions de la fête. Au milieu du cortége dont ils étaient entourés, ils avaient l'air de capitaines qui triomphent après une glorieuse expédition. Nous devons dire d'ailleurs, à leur louange, que les fumées de la vanité ne les énivrèrent point. Ils jouirent de leur popularité avec modestie.

On arriva à la caverne et, après avoir allumé les torches, on y pénétra. Léon et Pierrot marchaient en avant, montrant le chemin. Lorsqu'on eut pénétré dans la salle du bassin, le général en considéra avec attention toutes les parties, toutes les décorations.

Après qu'il eut terminé cet examen :

— C'est bien, dit-il, ce que j'avais imaginé, d'après le récit de Léon. Ces cônes, ces colonnettes, ces figures représentant grossièrement des animaux et des plantes, ce sont des stalactites.

— Qu'est-ce que c'est, papa, que des stalactites ? demanda Marie.

— Tu vois, ma fille, répondit M. Derville, qu'il tombe des gouttes d'eau, de temps en temps, du haut de la voûte.

— Oui, papa, répondit la jeune fille.

— Eh bien, reprit M. Derville, ces gouttes d'eau proviennent de petits réservoirs situés dans l'intérieur de la colline qui recouvre cette grotte; elles filtrent lentement à travers les pierres et les rochers, et arrivent jusqu'à cette voûte où elles restent quelque temps suspendues. Pendant leur voyage, elles se sont chargées d'une foule de petits débris, enlevés aux substances minérales qu'elles ont rencontrées dans leur chemin, débris de marbre, de silex, de manganèse, de fer, etc., etc.

— As-tu bien compris, jusque-là, demanda M. Derville en s'interrompant.

— Oui, papa, répondit Marie.

— Ces gouttes d'eau, continua M. Derville, suspendues aux voûtes des cavités souterraines, ne tombent pas toutes. Il y en a, et c'est le plus grand nombre qui s'y évaporent. Mais le liquide seul a changé de forme et s'en est allé ; la partie pierreuse ou métallique reste attachée à la voûte; c'est là le commencement et, pour ainsi dire, le premier germe d'une stalactite. Car une seconde goutte d'eau arrive, puis une troisième, une quatrième, et ainsi de suite, à l'infini; chacune d'elles, en s'évaporant, laisse un dépôt solide qui s'ajoute aux autres. C'est un atome imperceptible; mais, comme le travail ne cesse jamais, comme les gouttes d'eau se suivent sans interruption pendant des centaines d'années, l'accumulation successive de ces dépôts infiniment petits finit par former des blocs d'une énorme dimension.

Quant aux gouttes d'eau qui ne restent pas suspendues aux voûtes et qui, plus pesantes que les autres, tombent sur le sol, elles donnent naissance à un phénomène de même nature, bien qu'on lui ait donné un nom différent. Elles ont aussi leurs dépôts qui se superposent les uns aux autres et forment des concrétions pierreuses ou métalliques de diverses figures ; on les appelle stalagmites. Entre les stalagmites et les stalactites, il n'y a, comme tu vois, qu'une différence, c'est que les premières s'accroissent en montant et les autres en descendant. Il en résulte qu'elles tendent sans cesse à se rapprocher. Elles finissent, en effet, par se rejoindre à la longue et forment ces pilastres élégants, ces gracieuses colonnes que tu as sous les yeux.

— C'est bien étrange, s'écria Marie. Quoi! papa, tout cela, c'est l'ouvrage d'une goutte d'eau.

— Oui, ma fille, répondit le général, d'une goutte d'eau, laquelle est, à la vérité, suivie d'une infinité d'autres. Mais il ne faut pas que cela t'étonne. Avec de très-petits moyens, la nature produit souvent de très-grands résultats, et c'est même, pour le dire en passant, son procédé de travail le plus ordinaire. Que penserais-tu, si je te disais que des rochers énormes, des îles immenses et même des continents tout entiers sont dus à un petit animal qui est gros comme une tige de blé et qui n'a qu'un ou deux pouces de longueur?

— Quel animal? demanda Marie.

— C'est le polype, répondit M. Derville.

— Oh! papa, s'écria alors la petite fille, parle-nous du polype, je t'en prie, et explique-nous comment il vient à bout de faire de si grandes choses.

Les autres enfants joignirent leurs instances à celles de leur sœur; car ils n'étaient pas moins curieux qu'elle de connaître un phénomène aussi singulier. Quant aux paysans qui avaient accompagné la famille Derville jusqu'à la grotte, ils ne disaient rien, à cause du grand respect que leur inspirait le général. Mais on voyait bien, à l'air de leur visage, qu'ils partageaient la surprise et la curiosité des enfants.

— Bien que le moment ne soit pas peut-être très-bien choisi, je consens à vous satisfaire, répondit le général. Voici une large pierre qui paraît avoir été taillée tout exprès pour servir de banc. Asseyons-nous-y un moment; nous continuerons ensuite notre promenade à travers la grotte.

M. et Mme Derville s'assirent sur la pierre, leurs enfants prirent place à côté d'eux, et les paysans formèrent un cercle tout autour, les uns debout, les autres accroupis par terre.

— Les polypes, dit M. Derville, font partie d'une classe nombreuse d'animaux qu'on appelle zoophytes, de deux mots grecs dont la combinaison signifie animaux-plantes. Les zoophytes participent, en effet, de la nature de la plante et de celle de l'animal. Ils sont dans la chaîne des êtres l'anneau qui réunit le règne animal au règne végétal. Ils se reproduisent par des bourgeons, comme les plantes, mais ils se nourrissent, ils ont un estomac, et, dans quelques cas, ils marchent, comme les animaux.

Il y a des polypes qui vivent dans les eaux douces, dans les étangs et les fossés bourbeux, d'autres qui ne peuvent exister que dans l'eau salée, c'est-à-dire dans la mer. On désigne le polype d'eau douce sous le nom particulier d'hydre. Il y a des hydres rouges ; il y en a de brunes, de vertes, etc. Au surplus, ces singuliers animaux changent de couleur, suivant la nature des aliments dont ils se nourrissent, suivant la rareté ou l'abondance de ces aliments, et aussi suivant certaines modifications qu'ils font subir à leur corps. Car ils peuvent s'étendre, se raccourcir, se gonfler, se contracter. Lorsqu'on les voit attachés à quelque plante aquatique et immobiles, on les prendrait volontiers pour des brins d'herbe ; mais

comme ils retirent leurs bras, les étendent, développent et resserrent leur corps, on reconnaît bien
vite que ce sont des êtres animés. Ils se contractent
quelquefois à tel point qu'ils finissent par ressem-
bler à un atome presque imperceptible de matière.

Leur corps se compose d'un tube ouvert par les
deux bouts, de forme cylindrique et de substance
molle et gélatineuse. A l'une de ses extrémités, sortent, en nombre plus ou moins grand, de petites
branches tout-à-fait semblables aux ramifications
d'une plante et qui tiennent lieu de bras à l'animal.
Ces bras sont creux à l'intérieur, et leurs cavités
communiquent avec celle du corps. L'un des orifices
du tube, celui qui est situé à l'extrémité antérieure
entre les bras du polype, lui sert de bouche. Il paraît faire usage de l'autre comme d'une ventouse,
pour s'attacher aux tiges des plantes aquatiques.
Les bras du polype, de substance visqueuse comme
son corps, ont la propriété de se coller à tous les
petits corps flottants qu'ils rencontrent; l'animal
profite de cette faculté pour faire sa proie de petits
insectes dont il se nourrit. Lorsqu'il en a saisi un
avec ses bras, il les contracte et les raccourcit pour
l'approcher de sa bouche. Celle-ci reçoit la proie
qui est ensuite attirée dans l'intérieur du corps par
une sorte d'aspiration.

Les polypes absorbent de cette façon des vers plus

longs et plus gros qu'eux-mêmes. La bouche et le corps, qui sont très-élastiques, se dilatent en proportion de l'objet qu'ils doivent recevoir. Il arrive quelquefois que deux polypes commencent à avaler un même ver, chacun par une de ses extrémités; au milieu de leur opération, leurs bouches se rencontrent. L'un des polypes, le plus fort ou le plus expéditif, sans se laisser déconcerter par cet obstacle imprévu, continue à avaler, et si bien qu'il avale et son camarade et la portion du ver que ce camarade a déjà absorbée. Toutefois, l'accident n'est pas grave. Le polype avalé sort, au bout d'une heure, du corps qui l'avait englouti et ce Jonas, d'espèce nouvelle, ne s'en porte pas plus mal; il en a été quitte pour une heure de prison et pour la perte de sa proie. Car, en lui rendant la liberté, son geôlier ne lui a pas rendu la portion de ver sur laquelle il avait pourtant des droits de propriété bien légitimes.

Le polype est un si grand avaleur qu'il s'avale quelquefois lui-même.

— Comment! papa s'écrièrent les enfants tous à la fois; oh! sûrement, tu te moques de nous.

— Point du tout, répondit en souriant M. Derville. Il arrive quelquefois que les bras d'un polype sont entrelacés autour de l'insecte qu'il a saisi; alors, par distraction sans doute, le polype avale à la fois et l'insecte et ses propres bras. Au bout de vingt quatre heures, ils sortent du corps de l'animal et ne paraissent nullement altérés.

Comme vous le voyez, les polypes s'avalent les uns les autres, s'avalent eux-mêmes, mais ne se mangent pas. Je voudrais que le motif de cette modération relative fut honorable; mais je suis obligé de dire qu'il paraît résider dans l'impossibilité ou les a mis la nature de digérer leurs semblables.

Si on coupe un polype en deux, trois, quatre parties, etc., chacune de ces parties devient un polype parfait, et tous ces polypes qui proviennent de portions de polypes ne diffèrent en rien des autres. Je vous ai dit que leur corps est creux d'un bout à l'autre. On a trouvé moyen de retourner comme un gant un de ces animaux ; l'insecte vit dans cet état et se forme très-vite un estomac nouveau ; mais si on l'abandonne à lui-même, il revient toujours et très-promptement à sa forme naturelle.

Lorsque, sans toucher à la tête, on divise un de ces insectes en plusieurs parties dans le sens de sa longueur, chaque partie devient un corps et l'on a un animal à plusieurs corps surmonté d'une seule tête. Si l'on fait l'opération contraire, c'est-à-dire, si l'on partage la tête en plusieurs sections, sans entamer le corps, chaque section devenant une tête, il en résulte un monstre composé de plusieurs têtes sur un seul corps ; c'est l'hydre des anciens.

Avec un seul polype on peut, comme vous voyez, en faire plusieurs. Avec deux polypes, on peut n'en faire qu'un. Un naturaliste, qui s'est beaucoup occupé de ces animaux, a introduit un polype dans le corps d'un autre, de manière que la bouche du polype intérieur dépassait un peu celle du polype extérieur, puis il les a maintenus dans cet état en les traversant tous deux par une soie de sanglier. Au bout de quelques jours, la bouche du polype extérieur s'est collée sur le cou du polype intérieur ; il n'y avait plus qu'une bouche, et, par conséquent, les deux animaux n'en formaient plus qu'un.

La manière dont les polypes se reproduisent est aussi bien curieuse. Je vous ai déjà dit que c'était par bourgeonnement, comme les végétaux ; il pousse sur leur corps une excroissance qui grossit rapidement, surtout lorsqu'il fait chaud. Cette excroissance est un jeune polype qui, au bout de quelque temps, se détachera de sa mère pour vivre indépendant. Pendant qu'il est encore collé au corps du polype qui lui a donné naissance, il pousse lui-même un bourgeon qui est un second polype, et celui-ci en produit souvent un autre ; de sorte qu'un de ces animaux porte quelquefois sa troisième génération et est bisaïeul avant de s'être séparé de son premier enfant. Les cavités intérieures de tous ces polypes communiquent entre elles et avec celles de la mère.

Les aliments que prend celle-ci, après avoir traversé son corps, entrent dans celui du polype ou des polypes qu'elle porte et, réciproquement, la nourriture qu'a absorbée l'un quelconque des jeunes polypes passe de son estomac dans celui de tous les autres, et enfin dans celui de la mère. Par conséquent, il suffit qu'un des membres de cette étrange famille mange pour que tous soient nourris.

Ce que je vous ai dit jusqu'à présent s'applique spécialement aux polypes d'eau douce ou hydres. Les polypes qui vivent dans la mer ont naturellement avec eux de grands traits de ressemblance; mais ils en diffèrent néanmoins sur quelques points essentiels. Les polypes d'eau douce sont presque microscopiques, tandis que parmi ceux de mer, il y en a qui, comme les sèches et les poulpes, atteignent de très-grandes dimensions. Mais je ne veux vous parler que des plus petits qui ne dépassent guère en longueur un ou deux pouces. Leur corps, qui se compose également d'un tube, n'est percé qu'à son extrémité supérieure. Par l'inférieure, il adhère à un corps étranger auquel il reste toujours fixé. Le polype de mer se multiplie, comme celui d'eau douce, par bourgeonnement; mais les petits polypes qui ont pris naissance sur la surface de son corps y restent attachés; ainsi ces animaux manquent des organes de la locomotion. Les diverses générations que produit un polype sont greffées les unes sur les autres, et l'ensemble représente un arbre avec ses branches, ses rameaux et sa parure de fleurs ; car il y a des polypes qui, par leurs vives couleurs, ressemblent à de véritables bouquets. La masse entière forme comme autant d'étages de familles dans lesquelles tous les individus se tiennent et vivent d'une vie commune.

La peau de ces polypes est d'abord molle et gélatineuse comme celle des polypes d'eau douce. Mais elle se solidifie avec l'âge dans la partie inférieure de leurs corps et prend la consistance de la pierre la plus dure. Le polype, qui participe à la fois, comme je vous l'ai dit, de la nature de l'animal et de celle de la plante, se rattache donc aussi au règne minéral. Cette partie pétrifiée du corps des polypes, laquelle affecte la forme de cellules, de tubes, etc., a été désignée sous le nom de polypier. L'animal se retire dans ces loges par un mécanisme semblable à celui qu'emploie le limaçon, quand il veut se renfermer dans sa coquille. Quelquefois, chaque polype possède un polypier distinct, et, comme qui dirait, un hôtel particulier. Mais dans la plupart des cas, c'est une immense cité, propriété commune d'une multitude infinie de polypes associés. A mesure que les générations se succèdent, le polypier qui profite de leurs débris monte, s'étend dans tous les sens et finit par acquérir un énorme développement. Il ne peut toutefois grandir en hauteur que jusqu'à une certaine limite, qui est la surface de l'eau, en dehors de laquelle l'animal ne saurait vivre.

C'est ainsi que ces singuliers architectes ont construit dans l'océan Pacifique ces écueils redoutables contre lesquels sont allés se briser tant de navires. C'est un insecte, presque microscopique, qui est l'ennemi le plus terrible d'un La Peyrouse ou d'un Dumont d'Urville. Dans cette mer, sous l'influence d'une température ardente, les polypes se multiplient d'une manière prodigieuse et leur travail est extrêmement rapide. Ils couvrent d'immenses bancs de rochers sous-marins. L'amas de leurs polypiers, étagés les uns sur les autres, forme des masses solides qui ont une énorme étendue. Tous viennent aboutir à fleur d'eau; à partir de cette limite, ainsi que je l'ai dit, les constructions, formées par leurs dépouilles, cessent de s'exhausser. Mais tout n'est pas fini. L'animal a terminé sa tâche; le végétal va commencer la sienne. Des graines de plantes et d'arbrisseaux sont jetées par les vents ou déposées par les flots sur la surface de ce fond solide préparé par les polypes. Elles y prennent racines, elles y poussent et le couvrent d'une brillante verdure sur laquelle se détachera bientôt la tige élégante du cocotier ou du palmier. C'est une île enfin, et des hommes, venus d'une terre voisine, qui peut-être n'a pas d'autre origine, ne tarderont pas à y aborder et à y établir leur séjour.

Presque tous les récifs et toutes les îles dont l'océan Pacifique est semé doivent leur naissance à des polypes. Voulez-vous avoir une idée de leur multitude prodigieuse et de la rapidité avec laquelle ils bâtissent leurs édifices ? Un détroit, près de l'Australie, comptait naguère vingt-six îlots ; il en a aujourd'hui plus de cent cinquante. D'ici à quelques années, les navires ne pourront plus y passer ; les polypes l'auront rendu impraticable. Le récif qui longe la côte orientale de l'Australie, lequel n'a pas moins de trois cent soixante lieues de long, est tout entier l'ouvrage de ces animaux. Des groupes d'îles, dans la mer Pacifique, ont quatre cents lieues de long sur cent cinquante de large et proviennent de la même origine ; et les polypes travaillent toujours. Au bout d'un temps plus ou moins long, toutes ces îles seront reliées entre elles et formeront un immense continent. Il est vraisemblable que l'Australie, que la Nouvelle-Calédonie ont été formées de cette manière.

Vous avez vu souvent du corail ; votre mère en a un bracelet, que vous avez touché et examiné bien des fois. Mais vous ne vous êtes peut-être jamais demandé ce que c'était que cette matière, et d'où elle provenait.

— Cela est vrai, papa, dirent ingénuement les enfants.

— Eh bien, reprit M. Derville, c'est l'ouvrage des polypes ; quelques-uns de ces animaux, car il y en a un très-grand nombre d'espèces, rejettent hors de leur corps une matière gélatineuse, plus ou moins mélangée de substance calcaire, qui tombant au fond des cellules où ils sont logés, s'y durcit et l'exhausse. Lorsqu'une première cellule est presque pleine, ils en construisent au-dessus une seconde ; l'édifice va ainsi toujours grandissant. En même temps, à mesure que la masse animée pousse de nouveaux rejetons, cette étrange construction se ramifie. Il y a d'abord une tige ; puis, de cette tige sortent des branches, lesquelles donnent naissance à des rameaux et ainsi de suite ; c'est enfin un arbre véritable qui semble végéter et qui s'élève et se développe toujours. Lorsque la mer est calme et transparente, on peut apercevoir dans ses pro-fondeurs des forêts entières, à travers lesquelles s'agitent des multitudes infinies d'animaux de forme et de couleur extrêmement variées. Cet arbre, ces forêts, c'est du corail.

Maintenant, mes enfants, dit M. Derville, j'ai fini, et nous pouvons continuer notre examen de la grotte. Et, en disant ces mots, il se leva.

Les enfants l'imitèrent, mais en y mettant peu d'empressement.

Ils avaient pris tant d'intérêt aux explications que leur père leur avait données sur les polypes qu'ils avaient presque oublié le motif pour lequel ils étaient venus. Ils auraient volontiers laissé là la grotte et toutes les merveilles qu'elle pouvait contenir, si M. Derville avait voulu continuer ses leçons d'histoire naturelle. Ils avaient écouté avec un plaisir extrême celle qu'il venait de leur faire et ils ne pensaient pas qu'ils pussent rien trouver dans la caverne de plus curieux et de plus intéressant. Cependant, comme le général et Mme Derville s'étaient déjà mis en marche pour s'enfoncer plus avant dans la cavité souterraine, ils les suivirent.

On parcourut un grand nombre de galeries, on visita beaucoup de salles, mais, à part quelques différences sans importance, elles ressemblaient toutes plus ou moins à la première. C'étaient toujours des stalactites et des stalagmites; elles variaient seulement pour la forme et la couleur.

— Nous aurions aussi bien fait, dit M. Derville, de nous en tenir à la première salle; car toutes les autres lui ressemblent, et, à mon avis, elles lui sont même inférieures pour la beauté des ornements. Il me semble que nous pourrions retourner sur nos pas, sauf à prendre un autre chemin qui nous offrira peut-être quelque chose de nouveau.

On suivit le conseil du général et on fit quelques pas dans une direction autre que celle qu'on avait suivie jusque-là. Tout à coup Léon, qui depuis un certain temps regardait à terre, comme pour y chercher quelque objet perdu, s'écria :

— Pierrot, tiens, voilà l'endroit où tu as glissé et fait cette chute qui a failli avoir pour nous un si triste résultat.

En effet, le terrain, humide en cet endroit, portait encore des traces de pieds et de mains. Il paraissait foulé et on distinguait aisément le lieu où le sabot du jeune paysan avait glissé.

François s'était baissé comme tout le monde pour regarder.

— Monsieur Léon, dit-il, je vois bien la trace du pied et de la main de Pierrot, mais j'y vois certainement encore autre chose.

— Quoi ? demanda Léon.

— Regardez cela, monsieur Léon, dit François.

— Et en même temps il lui montrait une forte empreinte, marquée sur la terre.

— Eh bien, reprit Léon, qu'est-ce que cela ?

— C'est, dit alors François, la trace du passage d'une bête et, si je ne me trompe, cette bête est un blaireau.

— Que ce soit ou non un blaireau, dit Léon, l'animal qui a passé par là est à coup sûr celui dont nous avons vu briller les yeux dans les ténèbres, Pierrot et moi, pendant que nous étions enfermés dans cette grotte. Il nous a fait une assez belle peur pour que nous ne l'oubliions jamais.

— Parbleu ! monsieur Léon, s'écria François, j'imagine que nous allons lui rendre la peur qu'il vous a faite ; car cette empreinte me paraît toute fraîche et elle est tournée dans la direction que nous suivons, il est donc probable que nous allons le troubler dans sa retraite.

— Est-ce que nous ne pourrions pas le prendre ? demanda Léon.

— C'est une bête très-défiante, répondit François, et s'il faisait chaud, il serait bien inutile d'essayer de s'en emparer. Mais comme nous sommes en hiver et que le froid l'engourdit, la chose devient possible. Il y faut seulement beaucoup d'adresse. Mais il s'agit d'abord de s'assurer si l'animal a son gîte ici, comme je le suppose, et s'il y est dans ce moment.

— Eh bien, dit alors M. Derville à François, prenez les devants et suivez la piste. Quant à nous, nous marcherons derrière vous à quelque distance et, si cela est nécessaire, vous nous ferez signe de nous approcher. Car il est probable que vous ne pourrez venir à bout de faire tout seul cette capture difficile.

François se mit en devoir d'exécuter les plans de campagne tracés par le général. Une torche à la main et les yeux fixés sur le sol, il marcha en examinant le chemin avec la plus grande attention. M. et Mme Derville, les enfants et le reste de la compagnie le suivaient de loin, gardant un silence absolu et prenant les plus minutieuses précautions pour ne faire aucun bruit. Pendant quelque temps, François s'avança assez rapidement ; il distinguait sans difficulté, sur le sol détrempé par l'humidité, les vestiges de l'animal. Mais, à partir d'un certain endroit, la terre devenait sèche et poudreuse, et elle n'avait gardé que des traces presque invisibles. Mais, en qualité de braconnier, François avait l'œil exercé et la moindre dépression du sol, qu'un autre n'aurait pas même aperçue lui fournissait des indices certains. Aussi continua-t-il d'avancer, quoique plus lentement et en hésitant quelquefois.

Tout à coup, on le vit s'arrêter et pencher la tête en avant. Il plongeait ses yeux dans l'obscurité, et avait l'air d'y chercher quelque objet caché. Il fit encore quelques pas, puis, s'arrêtant de nouveau, il examina Pilate. Pilate, en effet, l'avait suivi ; l'intelligente petite bête semblait comprendre toute l'importance du silence pour le succès de l'entreprise que l'on tentait, car, non-seulement il n'aboyait pas, mais il avait fait trève à ses vivacités ordinaires. Le nez en quelque sorte attaché aux talons de son maître, il marchait derrière lui, pas à pas, la queue pendante, l'air grave et recueilli.

François, s'étant donc arrêté, le regarda avec attention et sembla l'interroger. Le chien leva à son tour les yeux sur lui, le considéra longtemps, puis remuant la queue et allongeant le museau, il flaira l'air en faisant entendre un petit murmure sourd, si léger que l'oreille seule de François en fut frappée. Cette pantomime de son chien et le petit bruit qui l'avait terminée étaient un langage que celui-ci comprit sans doute, car, se portant tout à coup à droite, il se précipita rapidement en avant, non toutefois sans avoir auparavant fait signe d'accourir à ceux qui le suivaient. M. et Mme Derville, les enfants, les paysans s'empressèrent de répondre à son signal et hâtèrent leurs pas.

— C'est un blaireau ! s'écria alors François ; je l'ai vu. Il est entre vous et moi ; s'il va de votre côté, songez à l'arrêter au passage ; s'ils vient vers moi, je m'en charge.

En disant ces mots, il s'était retourné et se présentait de face à M. Derville et à ses compagnons.

Il y avait dans la paroi gauche de l'espèce de galerie que l'on suivait un enfoncement assez large,

mais peu profond ; c'est dans cette niche que se tenait l'animal, et lorsque M. Derville et le reste de
la compagnie se furent rapprochés d'une cinquantaine de pas, ils purent le voir facilement. François
et son chien, en passant rapidement le long de la
paroi de droite ne l'avaient éveillé qu'à démi. Le cri
que François avait poussé ensuite et le bruit que
n'avaient pu s'empêcher de faire M. Derville et les
paysans en se portant en avant l'avaient tiré tout
à fait de son sommeil léthargique. Mais il paraissait comme ébloui par l'éclat de tant de lumières
succédant tout à coup à une obscurité profonde. Il
s'était dressé sur ses pattes de devant et regardait
à droite et à gauche en clignotant, cherchant sans
doute à se rendre compte d'un phénomène aussi
singulier.

François profita habilement et sans perdre de
temps de la première stupéfaction de l'animal ; il se
dépouilla promptement de sa blouse et, l'étendant
sur ses bras, il s'approcha de la niche, en passant
très-près du mur dans lequel elle était creusée et
en ayant soin de ne faire que le moindre bruit possible. Lorsqu'il fut arrivé tout près du blaireau, car
c'en était un, il lui jeta tout à coup sa blouse sur la
tête et, se précipitant sur lui sans lui donner le
temps de se reconnaître, il lui fit comme un capuchon qui le mit dans l'impossibilité de mordre.

L'animal surpris et privé de ses armes les plus redoutables ne se rendit pourtant point sans résistance. Il se défendit vigoureusement avec ses griffes et il est douteux que François fût sorti victorieux de la lutte, si deux ou trois paysans n'étaient venus lui prêter main-forte ; grâce à leur aide, il en fut quitte pour quelques égratignures aux mains et aux bras. On musela l'animal, on lui attacha solidement les pattes et, François l'ayant chargé sur ses épaules, tout le monde se remit en marche pour regagner l'issue de la grotte. On y arriva au bout de quelques minutes et l'on put alors examiner la capture que l'on venait de faire.

C'était un jeune blaireau, qui paraissait âgé tout au plus de quatre à cinq mois. Comme tous les animaux de sa race, il ressemblait au chien par le museau ; mais il avait le cou plus court, le corps plus gros et plus raccourci. Il était couvert d'un poil rude et assez semblable aux soies du porc ; ses oreilles arrondies avaient quelque ressemblance avec celles du rat domestique ; il avait les pattes courtes, les ongles des pieds de devant étaient plus longs et plus forts que ceux des pieds de derrière. C'est à l'aide de ces grands ongles que les blaireaux se creusent dans la terre, comme les lapins, des trous où ils se logent. Celui qu'on venait de prendre, ayant trouvé la grotte à sa convenance, s'y était établi, bénissant

sans doute le hasard qui lui avait procuré une retraite si agréable et si spacieuse. Il s'était tout naturellement dispensé de la peine de s'en creuser
une et on peut croire que ce n'était pas là ce qui lui
plaisait le moins dans sa trouvaille, car les blaireaux sont très-paresseux. Quoi qu'il en soit, ce cal-
cul réussit mal au nôtre, car il lui fit perdre la
liberté.

Après qu'on l'eut bien examiné, Léon demanda à
son père s'il ne serait pas possible de l'apprivoiser.

— Lorsque les blaireaux sont petits, dit M. Derville, ils s'apprivoisent et même assez facilement ; ils
reconnaissent les personnes qui leur donnent à
manger et les suivent à peu près comme des chiens.

— Eh bien ! papa, dit alors Léon, puisque celui-
ci est encore jeune, permets-moi d'essayer de l'apprivoiser.

— J'y consens, répondit M. Derville, seulement
je te préviens que cette éducation ne manque pas
de difficulté. Nous sommes en plein hiver et le blaireau est extrêmement frileux. J'en ai vu d'appri-
voisés qui, pendant toute la mauvaise saison, ne
quittaient pas le foyer et s'approchaient si près du
feu qu'ils se brûlaient les pattes. Ensuite, même en
liberté, ces animaux sont sujets à la gale, et ils la
communiquent quelquefois aux chiens que l'on
fait pénétrer dans leurs trous.

— Diable! s'écria tout à coup François en déposant vivement son blaireau par terre, pourvu que celui-ci ne soit pas galeux! Je n'aimerais point qu'il me fît cadeau de sa maladie.

— Ce serait, en effet, un présent peu agréable, dit en souriant le général; mais ne craignez rien, j'ai déjà examiné l'animal, il est très-sain.

Sur cette assurance de son maître, François reprit son fardeau.

— Essaie donc d'apprivoiser ce blaireau, si tu veux, reprit M. Derville en s'adressant à Léon. Mais s'il attrape la gale, je te préviens que j'en débarrasserai aussitôt la maison.

— Mais, demanda Léon, est-ce que le blaireau est un animal sale pour attraper ainsi cette vilaine maladie?

—Au contraire, répondit M. Derville, il est très-propre; il entretient son terrier avec le plus grand soin et manifeste une vive répugnance pour toute ordure. Le renard, qui est un animal sans scrupules et qui ne recule devant aucun moyen pour arriver à ses fins, spécule sur ces instincts de décence du blaireau, et lui joue quelquefois un très-mauvais tour. Le blaireau fait son terrier beaucoup mieux que le renard, et celui-ci, qui le convoite, emploie toute espèce de manœuvres pour s'en emparer. Or, voici le moyen malhonnête qu'il met

le plus souvent en pratique : il va déposer ses or-
dures à l'entrée du domicile de son voisin ; il l'in-
fecte et le malheureux blaireau dont l'odorat, très-
délicat, ne peut supporter ces odeurs abominables,
est obligé d'abandonner sa demeure ; l'intrigant
alors s'en empare et s'y établit.

— Le renard est un vilain, s'écria Marie, blessée
dans ses instincts de justice. Mais pourquoi le blaireau ne le punit-il pas ? est-ce qu'il est moins fort
ou moins bien armé que le renard ?

— Non, dit M. Derville, et il est probable que
dans un combat entre ces deux animaux l'avantage
resterait au premier. Mais le blaireau est une bête
pacifique ; d'ailleurs, il n'a ni l'activité, ni la ruse,
ni l'esprit d'industrie du renard. Vif, ingénieux,
l'esprit toujours en éveil soit pour éviter les piéges
de ses nombreux ennemis, soit pour pourvoir à ses
besoins et à ceux de sa famille, celui-ci porte légèrement les nécessités pesantes de l'existence. Ses
expédients ne sont pas toujours de ceux qu'avoue
la morale, j'en conviens ; mais les temps sont durs
et il faut vivre ; c'est là une excuse, sinon une jus-
tification. Le blaireau est triste et mélancolique ;
il ne sort que la nuit, lorsque d'épaisses ténèbres
couvrent la terre ; pendant tout le jour, il reste
plongé dans une retraite obscure. Qu'y fait-il ? il
songe.

Car que faire en un gîte à moins que l'on ne songe.

Et, comme les gens qui agissent peu et réfléchissent beaucoup, il est devenu triste. A force de méditer sur les misères de la vie, il s'en est dégoûté; il connaît les vices des animaux et, fuyant une société corrompue il trouve une âpre jouissance à s'enfoncer dans la solitude et à s'y nourrir des pensées les plus noires.

— Et encore, dit Léon en riant, on ne l'y laisse pas philosopher tranquillement.

— C'est vrai, dit M. Derville sur le même ton ; outre le renard qui l'empoisonne, souvent l'homme vient l'y troubler.

— Comment le chasse-t-on ? demanda Léon.

— On le chasse avec de petits chiens, à jambes courtes, qu'on appelle bassets. Tu n'es pas sans en avoir vu quelques-uns ; ils entrent dans le terrier du blaireau et, quoique beaucoup plus petits que lui, ils l'attaquent résolûment. Le blaireau se défend en reculant et en faisant ébouler de la terre pour mettre une barrière entre lui et ses ennemis ; quelquefois, il se couche sur le dos et présente aux chiens ses dents et ses griffes. Dans cette position, il est très-redoutable ; mais, pendant qu'il est ainsi occupé, les chasseurs découvrent le terrier en creusant par dessus. Lorsqu'on est arrivé jusqu'à lui, on le tue à coups de pioche ou de bâton.

— Pourquoi le tue-t-on? demanda Marie à son père; est-ce un animal nuisible?

— Oui, ma fille, répondit M. Derville, il cause à l'homme moins de dommages que le renard, mais cela tient uniquement à ce qu'il est moins adroit. Il s'attaque, comme lui, aux basses-cours; il pénètre rarement dans les poulaillers, mais s'il rencontre quelque volaille égarée, il se jette dessus et l'emporte dans son terrier où il la mange. Ce ne sont pas les seuls ennemis contre lesquels l'homme ait à défendre sa propriété. Le putois, la fouine, la belette, la martre, le loup, le furet sont sans cesse occupés à le piller et vivent principalement à ses dépens. Il a incontestablement le droit de défendre son bien contre ces maraudeurs et de leur rendre guerre pour guerre.

— Les perdrix et les lièvres, objecta Marie, ne font pas grand mal à l'homme et pourtant on les tue. Il en est de même des moutons, des bœufs et de tous les animaux domestiques.

— Cela est vrai, ma fille, répondit M. Derville, et tu peux même rendre ton objection plus forte en ajoutant que ces derniers animaux, loin de causer aucun dommage à l'homme, lui rendent les plus grands services. Le bœuf laboure pour lui et le nourrit par son travail, la brebis l'habille avec sa toison.

— Oui, papa, dit Marie, et pour récompenser des serviteurs si utiles, l'homme les tue et les mange!

— Cela est triste, en effet, répondit M. Derville. Mais remarque que la faute, si faute il y a, en est à la nature bien plus qu'à l'homme ; c'est elle qui, en le faisant carnivore, l'a mis dans la nécessité de tuer des animaux innocents, pour se nourrir. Je sais qu'il y a eu des philosophes qui ont prétendu que l'homme n'est point naturellement carnivore et qu'il ne l'est devenu que par une espèce de dépravation. Pythagore et ses sectateurs regardaient l'action de manger de la chair comme une grande impiété et ils s'en abstenaient rigoureusement. Les Brahmines, secte religieuse de l'Inde qui professe, comme Pythagore, le dogme de la métempsycose, en font encore autant aujourd'hui. Mais cette opinion que l'homme n'a point été destiné par la nature à se nourrir de la chair des animaux est démentie par la nature elle-même. Elle nous a donné quatre dents, absolument semblables à celles des animaux carnassiers ; elle a donc pris soin de décider la question : si elle nous a donné des dents conformées comme celles des animaux qui se nourrissent de chair, c'est évidemment parce qu'elle a voulu que nous nous en nourrissions nous-mêmes, du moins dans une certaine proportion.

En tuant des animaux et en les mangeant, l'homme ne fait donc qu'obéir aux lois de la nature, c'est-à-dire à une nécessité impérieuse ; c'est là son excuse. Mais, me diras-tu, pourquoi n'épargne-t-il pas les animaux inoffensifs et ceux qui, pendant leur vie, lui rendent tant de services ? Parce que la chair de tous les autres lui répugne. Remarque, en effet, que son goût, précisément, ne s'accommode que de la chair des plus doux et des plus innocents, c'est-à-dire, de ceux qui vivent principalement de végétaux. C'est donc encore en vertu d'une nécessité naturelle qu'il tue les animaux qu'il semblerait devoir surtout épargner.

Voici maintenant une autre considération. Si l'homme n'avait pas purgé la terre des bêtes féroces qui l'infestaient, que seraient devenus les animaux dont tu prends si chaudement le parti ? Sans défense contre les attaques des lions, des tigres, des loups, ils auraient probablement tous disparu. Suppose un moment que l'homme cesse de faire la guerre à ces animaux terribles, de les exterminer par tous les moyens que son industrie a créés, et considère ce qui arrivera : leurs races se propageront rapidement; en même temps, celles des animaux innocents diminueront et bientôt s'éteindront tout à fait.

C'est grâce à la protection de l'homme qu'elles se sont conservées et qu'elles se maintiennent. Ses soins les ont accrues, multipliées dans une immense proportion ; le droit qu'il s'attribue sur leur vie est donc jusqu'à un certain point légitime ; car il les a créées, ou, du moins, elles ne seraient plus sans lui.

Le bœuf, le mouton, que l'homme tue pour se nourrir, n'ont point à se plaindre ; sans l'homme, ils n'auraient point vécu. Quelle que soit la portion de vie qui leur a été départie, c'est un bienfait, un bienfait gratuit, et c'est à l'homme qu'ils le doivent.

Mais si l'homme a des droits sur les animaux, il a aussi des devoirs à remplir envers eux, devoirs malheureusement qu'il méconnaît trop souvent. Il doit les traiter avec douceur et bonté ; il doit respecter leur vie, tant que leur mort n'est pas nécessaire à sa propre existence. Ce sont, comme lui, des créatures de Dieu, et leur droit de vivre n'est limité que par le sien. S'il les met à mort sans nécessité, il commet un véritable assassinat. Il ne doit pas leur imposer des travaux au-dessus de leurs forces, ni leur infliger des châtiments inutiles. Il doit user de son pouvoir avec d'autant plus de modération qu'il est plus absolu. C'est un roi, il doit régner en roi, non en tyran. Si Dieu lui a donné une autorité souveraine sur toutes les créatures, c'est à la condition qu'il en use avec clémence, avec générosité, et un jour il lui sera demandé compte de la manière dont il l'aura exercée.

— Papa, demanda Léon, les animaux pensent-ils ?

— Tu me fais là une question, répondit M. Derville, sur laquelle les philosophes ont élevé de grandes disputes. Il y en a eu, car quelle est la folie qui n'ait point été soutenue par un philosophe? qui ont prétendu que les animaux n'étaient que des machines organisées, des espèces d'automates un peu plus ingénieusement construits que ceux que l'homme fabrique. Non-seulement, ils ne leur accordaient point l'intelligence, mais ils leur refusaient même le sentiment. *Cela* ne sent point, disait un philosophe du XVIIe siècle, Malebranche, en donnant un grand coup de pied à son chien. *Cela* sentait pourtant et les cris de douleur que la pauvre bête poussait en s'enfuyant en étaient une preuve que tout autre qu'un philosophe, entêté de son système, aurait trouvée sans doute assez concluante. Il suffit d'observer les mouvements des bêtes, d'un chien, par exemple, pour voir qu'il n'y a presque point de sentiments humains qu'elles ne partagent.

La tendresse qu'elles ont pour leurs petits est admirable. Les plus faibles, les plus craintives deviennent intrépides, lorsqu'il s'agit de les défendre. La poule, si timide naturellement, s'expose alors à tous les dangers, brave le milan, le vautour, et périt avec ses poussins, si elle ne peut les sauver. Les animaux éprouvent la joie, la douleur, la reconnaissance, le désir, l'impatience; ils expriment tous ces sentiments aussi clairement que l'homme lui-même, et presque par les mêmes marques extérieures. Si l'on refuse aux bêtes la faculté de sentir, il faudra, sous peine d'inconséquence, la refuser également à nos semblables; car nous ne sommes assurés de leurs sentiments que par les signes qu'il nous en donnent, et ces signes sont les mêmes que ceux que nous apercevons dans les bêtes.

— Oh! pour moi, papa, dit Léon, je n'en doute pas; je ne puis même comprendre comment on a pu discuter un fait si évident.

— Eh bien! donc, dit M. Derville, c'est un point acquis et nous n'en dirons plus rien.

— Tu sais, continua-t-il, que les bêtes sont susceptibles d'éducation; non pas toutes, peut-être, mais, du moins, un très-grand nombre, les animaux domestiques, d'abord, que l'homme a domptés et dressés à différents travaux, puis certaines espèces restées sauvages, mais dont il parvient, quand il le veut, à tourner les aptitudes à son usage. Il a appris, par exemple, à la loutre à pêcher pour lui; elle plonge, attrape un poisson et le rapporte à l'homme qui l'attend sur la rive. Au moyen âge, les chasses à l'épervier, au gerfaut, au faucon étaient célèbres. L'ensemble des soins à donner à ces oiseaux pour les élever et les instruire constituait un art qui avait ses principes et ses lois. Il y avait un grand fauconnier ; c'était une des charges de l'Etat.

Le grand fauconnier avait seul le droit de donner licence de prendre les oiseaux de proie *dans les lieux, plaines et buissons de sa majesté*. On apprenait à ces oiseaux à fondre sur une proie, corneille, pie, héron, perdrix, et à revenir, en l'apportant, sur le poing de leur maître. Il y a apparence que l'homme, sous ce rapport, ne connaît pas tout son pouvoir. Un grand nombre de races, jusqu'à présent rebelles à son empire, lui obéiraient sans doute depuis longtemps, si, au lieu de leur faire une guerre cruelle et inintelligente qui les effarouche et leur rend sa présence odieuse, il avait pris soin d'apprivoiser, par de bons traitements, leur naturel timide ou sauvage et s'il ne s'était jamais fait connaître à elles que par des bienfaits.

— Oui, papa, dit alors Léon, il est certain que les bêtes sont capables de recevoir de l'éducation. Je suis allé au cirque, à Paris, et j'ai vu des chiens, des singes, des chevaux faire des choses tout à fait extraordinaires. Mais quelle conclusion veux-tu en tirer ?

— Tu vas le voir, répondit M. Derville. Aie seulement un peu de patience. Puisque tu conviens que les bêtes peuvent s'instruire, il faut voir maintenant ce que cette faculté suppose. C'est par un système de châtiments et de récompenses combiné avec art et scrupuleusement suivi que l'on parvient à obtenir d'elles ce que l'on désire. Un chien couchant voit partir un lièvre; son instinct le pousse à courir après. Toutefois, s'il a été battu plusieurs fois pour ce fait, non-seulement il ne cèdera plus à son premier mouvement, mais la vue seule d'un lièvre lui fera serrer la queue et rejoindre promptement son maître. Pourquoi cela?

—Eh! dit Léon, tout simplement parce qu'il se souvient d'avoir reçu des coups et qu'il craint d'en recevoir encore.

— C'est cela même, dit M. Derville. Mais alors il faut en conclure que les chiens ont de la mémoire.

— Cela me paraît évident, dit Léon.

— Voilà donc qui est convenu, reprit M. Derville. Les bêtes sentent, les bêtes se ressouviennent. Continuons maintenant à étudier notre chien et tâchons de découvrir ce qui se passe en lui.

Lorsqu'il voit partir un lièvre entre ses jambes, il est partagé entre deux sentiments contraires : d'une part, le désir très-vif de lui donner la chasse le sollicite; de l'autre, la crainte du châtiment le retient. Comme il a été battu plusieurs fois pour avoir cédé à l'attrait de son plaisir, il s'en souvient et se méfie; il a commencé par soupçonner qu'il pourrait bien y avoir une certaine relation entre l'action de courir un lièvre et les coups de fouet qui ont toujours suivi cette action de si près ; puis, la lumière se faisant peu à peu dans son intelligence, à mesure que l'éducation se poursuit, c'est-à-dire à mesure que les coups de fouet se répètent, il a fini par acquérir la certitude que la douleur qu'on lui a fait subir n'est que la conséquence du plaisir où il s'est laissé entraîner. Lorsqu'il en est arrivé là, il s'abstient, il réagit contre son instinct, il se réprime, il ne bougerait pas, lors même qu'il verrait courir tout un régiment de lièvres devant lui. « Courez, courez, mes bons amis, pourrait-il leur dire ; je n'aurai garde de vous suivre ; le plaisir que j'y prendrais ne vaut pas les coups de fouet dont on me le ferait payer. J'ai acheté cette expérience trop cher pour que je l'oublie jamais. »

— Ma foi, dit Léon, pour un chien ce n'est pas trop mal raisonner.

— Ce triomphe, reprit M. Derville, que le chien remporte sur les instincts les plus puissants de sa nature, cette contrainte si pénible qu'il s'impose à lui-même suppose évidemment un travail préalable d'intelligence assez compliqué. Essayons de le démêler.

Il faut d'abord qu'il ait réfléchi aux coups de fouet qu'il a reçus et qu'il ait trouvé la cause pour laquelle on les lui donne, n'est-ce pas ?

— Oui, papa, dit Léon.

— Voilà donc encore, reprit M. Derville, un point admis. Les bêtes réfléchissent.

— Cela me paraît évident, dit Léon.

— Il faut ensuite, continua M. Derville, qu'il ait comparé le plaisir qu'il y a à courir un lièvre et la douleur qui résulte des coups de fouet.

— Oui, papa, dit Léon.

— Par conséquent, reprit M. Derville, les bêtes comparent des idées entre elles.

— Je le pense, dit Léon.

— Après avoir pesé les avantages et les inconvénients de la désobéissance, ce chien s'est déterminé à obéir, reprit M. Derville. Placé entre un plaisir et une peine, il a résisté au plaisir ; il a donc conclu que ce plaisir ne valait pas cette peine. Après avoir délibéré, comparé le pour et le contre, il a donc fait un choix, porté un jugement.

— Oui, papa, dit Léon.

— Dès lors, dit M. Derville, nous devons admettre que les bêtes choisissent et jugent.

— Il n'est guère possible d'en douter, dit Léon, surtout après avoir entendu tes explications.

— Ainsi, reprit M. Derville en se résumant, les bêtes sentent, se ressouviennent, réfléchissent, comparent et jugent. Elles savent aussi un peu d'arithmétique.

— Comment ! papa, s'écria Léon étonné.

— La pie, répondit M. Derville, est un oiseau très-défiant, très-inquiet, qui se laisse difficilement approcher. Dans quelques pays, on lui fait la guerre, parce qu'elle détruit les œufs de perdrix dans leurs nids, tue et mange les petits perdreaux et nuit ainsi aux plaisirs des chasseurs. Mais la difficulté est d'arriver assez près d'elle pour pouvoir la tuer d'un coup de fusil. On a donc imaginé de construire, avec des branchages, une sorte de hutte tout près de l'arbre sur lequel elle a fait son nid. Un homme vient s'y embusquer dans l'espoir de tuer d'un seul coup toute une famille de ces oiseaux pillards. Mais la pie a vu l'ennemi entrer dans la redoute et, malgré toute sa tendresse pour ses petits, malgré les cris désespérés que leur fait pousser la faim et les appels pressants qu'ils lui adressent, elle ne consent à revenir à son nid que la nuit, lorsque les ténèbres peuvent la soustraire aux regards et aux coups du chasseur. Pour la tromper, on a recours à un stratagème. On envoie à l'affût deux hommes; l'un y reste, l'autre, après y être entré, sort et s'en va. Mais la maligne bête n'est pas dupe de la ruse. Elle a compté; elle sait que deux hommes sont venus et qu'un seul est parti. Elle fait sa soustraction : si de 2 l'on ôte 1, reste 1. Le résultat de l'opération lui indique qu'elle doit continuer à se tenir éloignée, et c'est ce qu'elle ne manque pas de faire. On envoie à l'affût trois hommes ; l'un y reste et les deux autres se retirent. Même résultat ; la pie n'approche pas. Il faut enfin, pour mettre sa science en défaut, que cinq à six hommes se rendent ensemble à l'affût. L'opération, se compliquant, dépasse alors la portée de ses connaissances arithmétiques. Elle revient à son nid et elle y trouve la mort.

— Puisque vous parlez de pies, monsieur, dit alors François, si vous me le permettez, je raconterai ce qui m'est arrivé, à propos de ces oiseaux.

— Parlez, François, dit M. Derville.

— J'étais encore un jeune garçon, commença François ; je demeurais chez mon père ; car, à l'âge que j'avais, personne n'aurait voulu me prendre en service. Comme tous les petits paysans de nos campagnes, j'étais un grand dénicheur de nids, une espèce d'apprenti braconnier.

— Et l'apprenti, je crois, est devenu maître, dit M. Derville en souriant.

— Ma foi, monsieur, dit François, évidemment plus flatté que honteux de l'observation de son maître, je ne me défends pas d'aimer à abattre un lièvre de temps en temps et à narguer le garde-champêtre. Mais je continue mon histoire.

A une petite distance de la maison de mon père, il y avait un bois de chênes et de sapins que je traversais tous les jours pour aller à l'école. Toutes les fois que j'y passais, des bandes de pies, perchées dans les arbres, faisaient au-dessus de ma tête un vacarme effroyable. Elles criaient, volaient d'un arbre à l'autre et donnaient tous les signes d'une extrême inquiétude ; elles ne cessaient leur tapage qu'après m'avoir vu disparaître au loin. Cela ne m'étonna point ; car j'avais remarqué que ce bois était rempli de nids de pies et je savais que c'est l'habitude de ces oiseaux de crier et de s'agiter ainsi, quand ils voient quelqu'un s'approcher de leurs couvées. Lorsque je crus que les petits étaient éclos et avaient acquis une certaine force, je résolus de m'en emparer. Je grimpai à l'un des arbres et, comme j'étais fort agile, et qu'en outre j'avais une grande habitude de ces sortes d'exploits, je ne tardai pas à me hisser jusqu'au nid. Mais, à ma grande surprise, il n'y avait rien dedans. Je montai sur un autre arbre ; arrivé au faîte, j'éprouvai la même déception. Sans me décourager, je grimpai dans un troisième, dans un quatrième, etc., etc., je visitai plus de vingt nids. Ma persévérance ne servit qu'à me convaincre qu'ils étaient tous vides.

Je rentrai ce jour-là à la maison très-fatigué, très-penaud, et assez mal rassuré sur l'accueil que me ferait ma mère ; car, vous pensez bien que mon pantalon avait reçu plus d'une blessure. Les choses, toutefois, se passèrent moins mal que je ne le craignais ; je fus grondé, tancé vertement, mais point battu : c'était m'en tirer à bon marché.

Je réfléchis beaucoup à mon aventure. La saison n'était pas assez avancée pour que je pusse admettre que les petits eussent déjà pris leur volée, et elle l'était trop pour que je supposasse que les pies n'eussent pas encore commencé leur ponte. Une chose, d'ailleurs, m'étonnait, c'est qu'aucun des nids que j'avais visités ne présentait une seule marque qui pût faire reconnaître qu'il eût été habité. Pas un débris de plume ou de mangeaille, pas la moindre souillure. Les nids paraissaient tout récemment construits, et pourtant je savais très-bien, pour quelques-uns d'entre eux du moins, qu'ils dataient déjà d'une époque assez ancienne.

J'étais donc fort embarrassé, lorsque je me rappelai tout d'un coup une circonstance à laquelle je n'avais fait d'abord aucune attention, mais qui fut alors pour moi comme un trait de lumière. Ces pies ne paraissaient point avoir leur domicile habituel dans le bois où je les rencontrais ; elles n'y étaient point, lorsque, marchant dans la plaine, je m'en trouvais encore assez éloigné ; mais, à mesure que j'en approchais, toutes y accouraient l'une après l'autre, comme à une espèce de rendez-vous. Elles venaient toutes du même lieu, d'un second bois, situé à gauche et à une petite distance du premier.

Je n'étais pas sans avoir quelque expérience des ruses et tromperies des animaux; mais j'avoue que celle que je commençais à soupçonner dépassait, et de bien loin, tout ce que j'avais pu voir jusqu'alors.

A tout évènement, je résolus de me rendre dans le second bois et de l'examiner avec soin, et c'est ce que j'exécutai dès le lendemain, en allant à l'école.

— J'imagine, dit Léon, que vous vous serez fait, ce jour-là, une querelle avec le magister.

— Ma foi, monsieur Léon, vous imaginez bien, dit François; j'arrivai tard, en effet, bien que j'eusse pris soin de partir plus tôt que de coutume, et le Père Frapouillet, qui n'était pas commode tous les jours, me donna deux ou trois bons coups de férule, dont la main me cuisit pendant plus d'une heure.

Arrivé dans ce bois, poursuivit François en reprenant le récit de son histoire, j'observai d'abord qu'il contenait au moins autant de nids de pies que celui où j'avais fait, avec tant de peine et si peu de succès, mes premières recherches. La plupart des oiseaux continuaient à faire au loin leur tapage; mais quelques-uns, renonçant à pousser plus loin la ruse, ou cédant à un vif sentiment d'inquiétude, m'avaient suivi et me poursuivaient de leurs cris aigres et discordants. Peu à peu, tous les autres arrivèrent, et il n'en resta bientôt plus un seul dans l'autre bois. Je choisis un arbre sur lequel il y avait deux nids, je l'escaladai, et dans chaque nid je trouvai des petits; je fis le même essai sur quelques autres arbres, il me réussit partout. Dans le premier bois, tous les nids étaient vides, tous étaient pleins dans celui-ci. Je ne pris point les petits, car, allant à l'école, je n'aurais su qu'en faire. Mais, le soir, je revins avec un grand nombre de mes camarades; nous mîmes le bois au pillage; ce fut une récolte d'oiseaux comme nous n'en avions jamais fait.

Mais voyez, ajouta François en manière de conclusion, la ruse de ces pies; pour détourner l'attention des vrais nids, elles s'étaient donné la peine d'en construire de faux, et venaient tous les jours, dans la même intention, jouer devant moi une comédie de douleur et d'inquiétude.

— C'est, dit le général, ce qu'en termes de guerre, on appelle une fausse démonstration.

— Il est certain, dit François, que j'y ai été trompé. J'imagine que le premier jour, quand elles me voyaient m'épuiser en efforts pour grimper jusqu'à ces nids où il n'y avait rien, elles devaient bien se moquer de moi dans leur langage, et d'autant plus que la piè est un animal plein de malice.

— Est-ce que les bêtes ont un langage? demanda Marie.

— Il nous est impossible de le savoir d'une manière certaine, répondit M. Derville, mais la chose est, du moins, très-vraisemblable. Ce langage, dans tous les cas, ne ressemble pas au nôtre ; il n'est pas articulé, ou, s'il l'est, nous n'en pouvons discerner les articulations. Mais, quel qu'il soit, il y a grande apparence qu'il existe. Il se compose principalement de sons, de cris qui diffèrent suivant les circonstances. Lorsque la poule voit un épervier planer au-dessus de sa couvée, elle pousse un cri ; elle en pousse un autre, quand elle veut les faire participer aux bénéfices d'une trouvaille qu'elle vient de faire : c'est toujours un appel. Mais quelle différence dans les sentiments qu'il éveille chez la jeune famille, et par conséquent quelle différence d'expression il doit avoir dans un cas ou dans l'autre ! Le premier cri jette la terreur dans la bande, elle vient se réfugier en tremblant sous les ailes de la mère ; lorsqu'ils entendent le second, tous les petits accourent joyeusement, car ils savent qu'il s'agit d'un banquet, banquet modeste, toutefois, et qui est bien loin de suffire à tous les invités. Le menu n'a qu'un service, et ce service ne se compose que d'un plat : c'est un grain de blé, peut-être un vermisseau ; grand régal dont le plus diligent s'empare et qu'il mange très-bien, le vilain, sans attendre les autres.

Dans les pays où l'on fait à leur race une guerre continuelle, les jeunes renards, sortant pour la première fois de leur terrier, savent déjà éviter par une foule de précautions les embûches de l'homme. Tous les chasseurs s'accordent pour déclarer que, dans ces pays-là, ils sont plus défiants, plus difficiles à tromper que ne le sont les vieux, dans ceux où on ne leur tend pas de piéges. Il faut donc que la mère les ait instruits dans le terrier même, qu'elle leur ait fait connaître et les périls où ils allaient se trouver exposés et les précautions qu'ils devaient prendre pour s'y soustraire. Mais cette mère n'a pu faire cette éducation, sans leur communiquer ses idées, les résultats de son expérience, et cette communication n'a pu avoir lieu qu'au moyen d'un langage.

Les loups, les renards s'associent quelquefois pour chasser en commun. Cette association suppose un accord préliminaire, des conventions. Les animaux doivent se distribuer les rôles que, dans l'œuvre commune, chacun aura à remplir ; celui-ci, jeune, agile, et doué d'un odorat subtil, suivra le gibier à la piste ; celui-là, déjà alourdi par l'âge, mais capable néanmoins de faire encore un bond vigoureux, se placera au point d'intersection de plusieurs sentiers et y attendra la bête au passage. Les postes assignés, il faut convenir des lieux où l'on se retrouvera pour faire part des incidents imprévus de la chasse et prendre les dispositions nouvelles qu'ils peuvent exiger. Tous ces arrangements doivent être proposés, discutés, adoptés. Or, rien de tout cela ne peut se faire sans un moyen d'échanger des idées, c'est-à-dire, sans un langage.

Si l'on donne un coup de pied dans une fourmilière, et qu'on observe avec attention ce qui se passe, on voit une chose curieuse. D'abord, c'est un grand trouble, un mouvement confus ; puis, l'ordre se rétablit peu à peu et tout se régularise ; des messagers partent dans toutes les directions, ils arrêtent les fourmis qu'ils rencontrent sur leur route, s'approchent d'elles, les frappent avec leur tête et touchent leurs antennes avec les leurs. Les individus ainsi avertis changent aussitôt de direction, et courent, eux aussi, porter partout la fatale nouvelle. Par ce système ingénieux de courriers, toutes les fourmis, même les plus éloignées du lieu du désastre, sont informées de l'évènement avec une extrême rapidité. Des points les plus opposés, on les voit alors accourir par milliers vers la cité commune, dont la ruine imminente réclame le concours de tous les membres de la république. Quelquefois la guerre éclate entre deux fourmilières ; les armées entrent en campagne, et une bataille terrible ne tarde pas à s'engager. Si l'une des deux armées faiblit, ou que, par une habile manœuvre de l'ennemi, elle soit menacée d'être mise en déroute, des aides de camp partent et, en toute hâte, se rendent à la fourmilière, où ils font leur rapport au gouvernement. Des renforts nombreux sont aussitôt expédiés.

— Mais, papa, dit Léon, si les animaux ont presque toutes les facultés de l'intelligence humaine et s'ils ont un langage pour se communiquer leurs idées et les résultats de leur expérience, pourquoi ne font-ils pas plus de progrès?

— Parce qu'il y a un terme assigné au perfectionnement de leur nature, répondit M. Derville. Tout ici-bas a ses bornes; l'homme n'est pas non plus indéfiniment perfectible. Il trouve dans sa nature, comme les animaux dans la leur, des limites à sa faculté de perfectionnement qu'il ne franchira jamais. S'il était indéfiniment perfectible, il s'en suivrait qu'il pourrait atteindre un jour la perfection absolue. Cette idée est impie; elle implique une usurpation des droits et des attributs de la divinité. Car cette perfection absolue, il n'y a que Dieu qui puisse la posséder ou plutôt il est la perfection absolue elle-même.

Je dois, d'ailleurs, te faire observer, ajouta M. Derville, qu'en te parlant de l'intelligence des animaux, j'ai choisi mes exemples parmi les plus parfaits.

J'en avais le droit et c'eût été faire preuve de peu d'habileté que de me priver de ce moyen, si favorable au soutien de ma thèse. Mais tu comprends bien que les facultés intellectuelles ne sont pas égales chez tous les animaux. Le degré varie infiniment d'une espèce à l'autre. Le polype, par exemple, dont nous parlions tout à l'heure, est pour le moins autant au dessous du chien que le chien lui-même est au dessous de l'homme. Ce n'est qu'au sommet de l'échelle des êtres, c'est-à-dire chez les animaux dont l'organisation se rapproche le plus de celle de l'homme que l'on trouve les signes d'une intelligence remarquable. Elle décroît progressivement à mesure que le type des différents animaux s'écarte davantage du type humain, jusqu'à ce qu'enfin on arrive au polype qui n'en garde aucune trace et chez lequel aussi on ne distingue guère plus d'indice d'intelligence que dans un arbre ou une plante.

Ce sont les singes et les carnassiers qui, sous le rapport des facultés, paraissent tenir le premier rang. Après eux, viennent l'éléphant et le cheval. On est généralement disposé à accorder au premier de ces deux animaux un degré d'intelligence plus élevé que celui que je lui concède ici. Mais il paraît avoir été traité avec une faveur trop partiale. Une observation attentive ne justifie pas la réputation qu'on lui a faite à cet égard. En général, les carnassiers sont beaucoup mieux doués que les frugivores, par rapport à l'intelligence. Cela tient, sans doute, à une faveur particulière de la nature. Mais on peut trouver aussi la cause de leur supériorité, à cet égard, dans la vivacité de leurs besoins et dans les difficultés qu'ils éprouvent pour les satisfaire. Un bœuf, un cheval n'ont qu'à se baisser pour trouver leur nourriture. Elle est toujours à leur portée. Mais il n'en est pas de même du loup et du renard. Pour se la procurer, il faut qu'ils aient recours à mille expédients, qu'ils inventent mille ruses. Cette nécessité tient constamment toutes leurs facultés en éveil et doit considérablement développer leur intelligence.

— Tout ce que tu viens de nous expliquer, papa, dit Marie, est bien intéressant et tu m'as donné une grande envie d'étudier par moi-même les mœurs et les curieuses inventions des animaux.

— Moi aussi, dit Léon, je veux faire des observations.

— Et moi aussi, répétèrent les deux autres enfants.

— Vous ne pouvez, mes enfants, leur dit alors M. Derville, vous livrer à une occupation plus agréable, et je suis sûr que vous y prendrez un plaisir extrême. Votre séjour à la campagne vous rend d'ailleurs cette étude aisée. Il est vrai que nous sommes en hiver et que cette saison n'est guère favorable. Mais le printemps ne tardera pas à arriver; toutes les créatures seront alors en proie à une fièvre d'activité qui vous livrera leurs secrets. Il ne s'agira que d'avoir de bons yeux et de bien observer. Pour vous encourager dans vos recherches, je promets de donner un beau livre d'histoire naturelle à celui d'entre vous qui aura fait la plus belle découverte.

Les enfants prirent acte de la promesse de leur père, chacun d'eux se jurant à lui-même de la faire exécuter à son profit.

Tout en causant ainsi, on arriva à la maison.

VI

Le lendemain, après l'étude du matin, Léon, accompagné de son jeune frère, alla rendre visite à son blaireau. Il voulait voir par lui-même comment le prisonnier s'arrangeait de son nouveau régime, et s'il commençait à se résigner à la perte de sa liberté. Il l'avait confié, la veille, à François, auquel il avait fort recommandé d'en avoir le plus grand soin. C'était là, à vrai dire, une précaution peu nécessaire, car l'honnête François avait un amour passionné pour les animaux. Il s'intitulait lui-même *l'ami des bêtes* et, sauf qu'il en tuait un bon nombre en braconnant, il avait quelques droits à cette qualification. Il soignait avec le zèle le plus tendre celles qui lui étaient confiées et, lorsqu'à la chasse il lui arrivait d'en blesser quelqu'une, au lieu de la tuer sur le coup, il s'accablait des reproches les plus durs, récriminant avec amertume contre sa maladresse et plaignant tendrement le pauvre, le malheureux animal qui en avait été victime. Il examinait avec un soin scrupuleux toutes les bêtes qu'il abattait et si, dans le nombre, il y en avait qui donnassent quelques signes d'existence, il leur frappait religieusement la tête contre son sabot, afin de leur épargner par une mort prompte des souffrances inutiles et, comme il le disait lui-même, le regret de la vie.

Léon trouva son blaireau installé dans l'écurie. Son fidèle gardien lui avait déjà fabriqué une niche avec des pieux et des planches. Il l'avait garnie intérieurement d'une couche de foin et de paille fraîche. Il n'avait rien négligé, en un mot, pour procurer à son hôte les agréments d'un séjour commode et confortable. L'animal, assurément, était beaucoup mieux logé que dans l'humide et obscur réduit qui, jusqu'alors, lui avait servi de domicile. La température toujours chaude de l'écurie convenait surtout merveilleusement à son tempérament frileux. Enfin, on pourvoyait abondamment à ses besoins. Il avait encore à côté de lui une écuelle remplie de débris de cuisine et, pour un blaireau, ce devait être une vue fort appétissante. Le nôtre paraissait néanmoins apprécier médiocrement tant d'avantages; il avait l'air triste. Enfoncé dans le coin le plus obscur de sa niche, pelotonné sur lui-même, il restait immobile, sans donner signe d'existence. Léon s'en inquiéta :

— Il ne bouge pas, dit-il à François, est-ce qu'il est malade ?

— Non, M. Léon, répondit celui-ci. Le gaillard se porte, au contraire, très-bien. Mais il boude ; il est probable que sa mauvaise humeur durera encore quelques jours. Il ne faut pas s'en inquiéter. Elle ne l'a pas empêché de manger, ce matin, une partie de la pâtée que je lui ai apportée, et c'est un bon signe. Ordinairement, les animaux sauvages que l'on réduit en captivité ne prennent pas aussi facilement leur parti. Ils restent quelquefois plusieurs jours sans manger et quelques-uns même poussent la rancune jusqu'à se laisser mourir de faim. Puisque celui-ci a commencé de manger, il est vraisemblable qu'il s'apprivoisera facilement.

Après avoir dit ces mots, François se remit à son travail. C'était une besogne qui paraissait l'intéresser vivement. La présence de ses jeunes maîtres n'avait pas eu le pouvoir de la lui faire interrompre et il s'y livrait avec une ardeur étonnante. En apparence, pourtant, son occupation n'avait rien qui justifiât un si grand zèle. Elle consistait tout simplement à fourbir le fond d'un chaudron en cuivre. Il brillait déjà comme de l'or ; mais son éclat ne satisfaisait pas encore François, car tenant d'une main le vase entre ses jambes et, de l'autre, un gros paquet de chiffons qu'il plongeait de temps en

temps dans un mélange d'huile et de sable fin,
placé à côté de lui, il continuait de frotter avec une
énergie extraordinaire, et il frottait de ci, et il frottait de là, et au milieu, et sur les bords, et partout.
Ce terrible frottage et l'activité singulière qu'y
mettait François finirent par attirer l'attention de
Léon et par exciter sa curiosité.

— Hé! que faites-vous donc là? demanda-t-il au
frotteur.

— Mais, répondit François, toujours frottant,
vous le voyez bien, M. Léon, je frotte un chaudron.

— Oui, dit Léon, mais je vous demande ce que
vous voulez faire du chaudron, après l'avoir si bien
frotté.

— Ce que je veux en faire, M. Léon? Je veux m'en
servir pour pêcher des canards.

— Pêcher des canards! s'écria Léon, et avec un
chaudron! vous êtes un mauvais plaisant, François.

— Ma foi, M. Léon, je ne plaisante pas du tout,
je vous assure, et, si le général veut vous permettre
de venir avec moi, ce soir, à la pêche, vous verrez
bien que je parle sérieusement.

— Est-ce loin? demanda Léon.

— Non, répondit François, c'est à l'étang des
Saussaies, qui n'est guère qu'à un quart de lieue
d'ici.

— Et quand comptez-vous partir ? demanda Léon.

— Ah ! voilà, dit François ; je crains bien que le général ne vous permette pas de venir avec moi, à cause de l'heure. Cette pêche ne peut se faire que pendant la nuit. Il faudrait être rendu sur les bords de l'étang demain matin, vers cinq heures.

— Oh! dit Léon, jamais papa, ne consentira à nous laisser courir les champs, à pareille heure.

— Eh ! M. Léon, un refus, comme on dit, n'est pas un coup d'épée. Demandez-le toujours. Dame ! je crois que vous vous amuseriez beaucoup ; et il n'y a aucun danger, car, moi, je serai là, et je réponds de vous.

Léon était bien curieux de voir une pêche si bizarre. Aussi, cédant aux encouragements de François, il se détermina à demander à son père la permission dont il s'agissait. Jules aurait bien voulu aussi être de l'expédition ; mais Léon parvint à lui faire comprendre qu'il était trop jeune pour passer ainsi une partie de la nuit dehors, surtout dans une pareille saison. Il renonça donc à accompagner son frère, et il s'en consola par la promesse que lui fit Léon de lui montrer tous les canards qu'il prendrait.

Une nouvelle proposition de François vint, d'ailleurs, fort à propos, donner un autre cours à ses idées. Il avait enfin achevé de polir son chaudron ;

après l'avoir lavé avec soin, il l'essuya, l'examina quelque temps avec une satisfaction évidente, puis il le suspendit au mur.

— Maintenant, dit-il aux enfants, vous reste-t-il encore quelque temps avant l'heure de l'étude ?

— Oui, dit Léon, après avoir regardé à sa montre, nous avons encore une demi-heure dont nous pouvons disposer.

— Eh bien, alors, dit François, venez tous deux avec moi.

Et, en même temps, il se mit en marche, sans vouloir leur donner aucune explication, ni sur le lieu où il voulait les conduire, ni sur le dessein qu'il avait en les prenant avec lui.

Néanmoins, les enfants le suivirent. Ils étaient alléchés par un certain air de mystère répandu dans les paroles et dans l'attitude de François.

Il leur fit d'abord parcourir plusieurs allées du parc, puis, ayant traversé un fourré, il s'arrêta devant une petite clairière. Il resta quelque temps occupé à considérer les lieux et les objets qu'il avait sous les yeux. Mais le résultat de cet examen ne fut pas sans doute satisfaisant, car il hocha la tête d'un air contrarié et dit tout bas, mais de manière, pourtant, à être entendu des deux enfants :

— Allons, le brigand est fin, et je ne le tiens pas encore aujourd'hui.

Les deux petits garçons allaient demander à leur guide l'explication de ses paroles énigmatiques, lorsque leur attention fut attirée par un autre objet. Au milieu de la clairière, une oie se tenait accroupie. Jusqu'alors ils n'avaient pu l'apercevoir, parce que le corps de François, qui était devant eux, leur en avait dérobé la vue. Mais, comme, à un certain moment, il s'écarta un peu sur la droite pour examiner quelque chose qui l'intéressait, leurs regards purent embrasser toute l'étendue de la clairière, et ils tombèrent d'abord sur l'oiseau. Fort intrigués, les deux enfants se demandaient ce que faisait là cette oie, toute seule, et pourquoi elle restait immobile, sans remuer rien autre chose que son cou. Curieux de débrouiller ce mystère, Léon fit quelques pas en avant, et, dans son impatience, il allait s'élancer dans la clairière, lorsqu'il fut arrêté soudain par la voix de François qui lui criait d'un ton terrible :

— N'allez pas là, M. Léon, au nom du ciel ! vous allez tomber dans une trappe.

— Une trappe ! dit Léon en reculant, mais où voyez-vous des trappes.

— Personne ne peut la voir, M. Léon, répondit François, mais, comme c'est moi qui l'ai faite, je sais bien qu'elle existe.

— Vous pouvez vous vanter de l'avoir bien cachée, dit Léon, car, même à présent que je suis averti de son existence, je n'en distingue aucune trace.

— Vous me faites plaisir, M. Léon, en me disant cela, répartit François; vous me prouvez que j'ai réussi dans mon dessein. Si vous vous étiez douté de quelque chose, il aurait fallu que je recommençasse mon ouvrage; car le renard qui, en fait de piéges, est encore plus clairvoyant que vous, aurait à coup sûr, éventé ma machine, et j'en aurais été pour ma peine et mes frais.

— Vous êtes tout à fait mystérieux, ce matin, dit Léon, et je ne comprends absolument rien à votre langage. Que parlez-vous de renard, de piége et de machine?

— Retournons à la maison, dit François, car nous n'avons rien à faire ici pour aujourd'hui; chemin faisant je vous expliquerai l'énigme.

Après avoir dit ces mots, il quitta le fourré et rentra dans une des allées du parc; les enfants le suivirent.

— Vous ne pouvez avoir oublié, leur dit-il alors, le renard qui, la semaine dernière, a causé de si grands ravages dans la basse-cour. Le jour même de l'évènement, le général me fit appeler et m'engagea à faire tout mon possible pour débarrasser le pays de cette maudite bête, qui est la terreur de toutes les fermières des environs. Je le lui promis, et je m'occupai dès le jour même des moyens de réussir. Il ne me fut pas difficile de découvrir sa piste ; il avait, pour ainsi dire, pris soin d'écrire lui-même sur la neige son itinéraire. En la suivant, je remarquai sous les broussailles du parc, dans différents endroits, les coulées ou passages par où il se glissait pour arriver jusqu'à la maison. Les arbustes y étaient plus écartés qu'ailleurs ; les entrelacements de leurs branches y avaient été rompus jusqu'à une certaine hauteur ; la terre y était aussi plus foulée. Je distinguai surtout deux de ces passages autour de la clairière que vous venez de voir ; ils étaient situés en face l'un de l'autre et semblaient se correspondre. J'en conclus que le renard avait l'habitude, lorsqu'il faisait ses expéditions, de traverser cette clairière, et la trace de ses pas, imprimée sur la neige, qui en couvrait la superficie, ne pouvait, d'ailleurs, me laisser, à cet égard, aucun doute.

Une fois fixé sur la route que prenait l'animal, dans ses courses nocturnes, je me préoccupai des moyens de le prendre ou de le tuer. Je pouvais me poster à quelque distance de son chemin et lui tirer un coup de fusil à son passage. Mais, outre que la saison n'est guère favorable pour rester toute une nuit en faction, les renards ont l'odorat si fin, qu'il était probable que le nôtre me sentirait de loin et prendrait une autre direction. Je pouvais aussi lui tendre un piége avec de bonnes dents de fer, mais ces rusés animaux se défient aussi du fer, et, lorsqu'ils en sentent l'odeur, ils s'éloignent. D'ailleurs, quand un renard a une patte engagée dans un piége, il se la coupe avec les dents à l'approche du jour, aimant mieux perdre un membre que la liberté. Les animaux ont du bon, allez, M. Léon. Je ne pouvais supporter l'idée de mettre une pauvre bête dans la nécessité de se faire cette opération cruelle, et de s'en aller ainsi estropriée pour le reste de sa vie.

Après avoir flotté longtemps dans une grande irrésolution, je m'arrêtai à un moyen qui n'avait aucun de ces inconvénients. Je creusai dans la terre une fosse profonde ; je lui donnai la forme d'un entonnoir renversé, c'est-à-dire que l'intérieur était beaucoup plus large que l'ouverture. Cette disposition, jointe à la profondeur qui est considérable, rend l'évasion impossible à toute bête qui tomberait dedans. Je jetai ensuite sur la fosse, d'un bord à l'autre, un tronc d'arbre dépouillé de son écorse, par conséquent, rond et poli ; sur cet appui, je plaçai une porte, en bois mince et léger, à laquelle j'avais eu soin de donner d'abord à peu près la forme et la dimension de l'ouverture de la fosse. Elle est cependant un peu moins grande ; car il était nécessaire qu'elle jouât librement. Cette porte est attachée à l'arbre qui lui sert d'appui au moyen d'un ressort. Elle est établie de manière à osciller à la moindre pression, soit à droite, soit à gauche. Mais dès que le poids qui a dérangé son équilibre cesse de faire sentir son action, elle est ramenée à la première position par le jeu du ressort. Lorsque tout cela fut fait, j'attachai une oie au beau milieu de l'appareil et je fis disparaître toute trace de mon travail en répandant partout de la neige. Je dois croire que j'ai réussi, puisque, à deux pas de ma machine, vous ne vous êtes douté de rien.

— De rien absolument, dit Léon.

— Maintenant, vous comprenez ce qui va arriver. Lorsque le renard passera par là et verra l'oie, il se réjouira fort de la bonne aubaine qui lui arrive ; il se jettera d'abord dessus. Le poids de son corps fera jouer la bascule, et il tombera dans la fosse. J'imagine qu'il fera une singulière mine, lorsqu'il se verra pris dans mon traquenard.

— Votre invention est vraiment très-ingénieuse, dit Léon, et j'espère qu'elle réussira. Je vous en prie, François, lorsque vous irez visiter votre fosse, n'oubliez pas de me prendre avec vous.

— Soyez tranquille, monsieur Léon, je vous ferai avertir.

— Moi aussi, François, dit Jules, je veux voir le

renard, quand vous le prendrez. Promettez-moi de me mener avec vous.

— Oui, monsieur Jules, dit François, je vous le promets.

On était arrivé tout près de la maison. François prit congé de ses jeunes maîtres, après avoir engagé Léon une dernière fois à demander au général la permission de se rendre le lendemain à la pêche aux canards. Mais c'était là une recommandation bien inutile ; car le jeune garçon n'avait garde d'oublier une chose dans laquelle il était si interressé.

Le soir, en effet, son père ayant paru très-satisfait de la manière dont il avait travaillé pendant la journée, il saisit avec à propos ce moment favorable et lui adressa sa requête. M. Derville fut tout d'abord très-étonné d'entendre parler d'une pêche aux canards, et il demanda sur ce sujet des renseignements à Léon. Mais celui-ci était incapable de lui en donner, François s'étant montré, le matin, fort avare d'explications. Le général fut donc obligé de s'en passer. Il apprit seulement que cette pêche, quelle qu'elle fût, devait se faire la nuit, et cette circonstance n'était guère propre à influer favorablement sur la résolution qu'il avait à prendre. Cependant, comme Léon insistait beaucoup et qu'il tenait lui-même à récompenser cet enfant de l'application qu'il apportait, depuis quelque temps, à ses études, comme d'ailleurs il avait une grande confiance en François, et qu'il cherchait à lui en donner une preuve éclatante, surtout depuis le jour où ce fidèle serviteur avait retrouvé son jeune maître dans la grotte, il finit par accorder la permission qu'on lui demandait. Il recommanda seulement à Léon d'aller prévenir sa mère, afin qu'elle lui fît préparer les vêtements dont il pouvait avoir besoin dans son expédition pour se garantir de l'humidité et du froid de la nuit. Mme Derville se montra un peu effrayée en apprenant ce dont il s'agissait; mais, le général étant survenu, il lui fit approuver les raisons qui l'avaient décidé à autoriser l'entreprise projetée. Néanmoins, elle fit venir François pour lui recommander de veiller avec attention sur son fils et de ne pas le perdre de vue un seul instant.

— Madame peut être bien tranquille, répondit François. Il n'y a pas le moindre danger, et je réponds sur ma tête de ramener M. Léon sain et sauf. Madame peut croire que j'apprécie la marque de confiance qu'elle me donne et que je tiendrai à la justifier.

Les protestations de François calmèrent les appréhensions de Mme Derville.

— Eh bien donc! je compte sur vous, dit-elle.

Et, après ces mots, elle le congédia.

Le lendemain, à quatre heures et demie du matin, la vieille Manette qui n'avait voulu céder à personne le soin de réveiller son jeune maître, entra dans la chambre de Léon, et le secouant par le bras:

— Allons, M. Léon, lui dit-elle à voix basse, pour ne pas éveiller Jules, allons, il est temps de vous lever.

— Quoi! dit Léon en se frottant les yeux et en bâillant démesurément, qu'est-ce qu'il y a?

— Il y a, répondit la vieille bonne, que François vous attend pour aller à la pêche.

Ces mots produisirent sur le jeune garçon un effet magique, il sauta à bas de son lit, et, en un clin d'œil, il fut prêt. Il s'enveloppa d'un manteau bien ouaté que Mme Derville lui avait donné, la veille au soir, avec recommandation expresse de le mettre pendant son excursion si matinale. Puis, ayant dit adieu à Manette, il descendit dans la cour, où il trouva François et Pierrot qui l'attendaient. Le jeune paysan, ayant appris de quoi il s'agissait, avait voulu faire partie de l'expédition, et François, qui l'aimait beaucoup, avait consenti sans difficulté à l'emmener avec lui.

On se mit aussitôt en route et l'on marcha rapidement, à cause du froid qui était très-vif. Mais Léon, bien enveloppé dans son manteau, s'en apercevait à peine. On mit environ dix minutes à franchir la distance qui séparait Coarraz et l'étang.

Lorsque l'on fut arrivé au terme du voyage, François sans perdre un instant, se mit à préparer ses engins. Il jeta d'abord sur l'étang une espèce de radeau composé de trois à quatre planches assemblées. Léon et Pierrot lui ayant demandé comment ce radeau se trouvait là, il expliqua qu'il était venu la veille visiter le lieu de la pêche, et que c'était lui qui l'avait apporté. François jeta ensuite sur le radeau qui flottait à trois ou quatre pieds de la rive une douzaine d'hameçons tout garnis de leurs appâts. Les appâts se composaient d'escargots dépouillés de leurs coquilles ; c'est un morceau dont les canards, sauvages ou domestiques, se montrent, comme on sait, extrêmement friands. Il est bien entendu que les hameçons étaient attachés à des cordes, et que François tenait ces cordes dans ses mains. Lorsqu'il eut disposé tous ses hameçons, il recula tout en développant les lignes jusqu'à une espèce de hutte construite en paille et en branchages, où il les étendit par terre successivement et d'après l'ordre qu'occupaient sur le radeau les hameçons qui leur étaient attachés. La hutte, à l'entrée de laquelle elles venaient toutes aboutir, était encore un ouvrage de François. Il l'avait construite dans sa tournée de la veille.

Ces premiers préparatifs n'avaient pas causé à Pierrot et à Léon une médiocre surprise; mais ils furent bien plus étonnés, quand ils virent les autres. François commença par suspendre son fameux chaudron sur le devant de la hutte, et à peu près à un tiers de sa hauteur. Puis ayant pris une petite lampe d'écurie renfermée dans une lanterne de verre, il l'alluma et l'attacha à un piquet planté en terre, tout près et vis-à-vis du chaudron. Léon et Pierrot purent voir alors l'effet de ce singulier appareil d'éclairage. Le fond poli du vase frappé par la lumière de la lampe la renvoyait sur les eaux de l'étang et sur le radeau en reflets vifs et rougeâtres.

Après que François se fut un peu admiré dans son ouvrage :

— Maintenant, dit-il, tout est fini, et nous n'avons plus qu'à attendre. Retirons-nous dans la hutte ; car nous y serons mieux qu'ici.

Ils y entrèrent tous les trois et se jetèrent sur une épaisse couche de paille qui en garnissait toute l'étendue. François avait eu raison de dire qu'ils s'y trouveraient mieux que dehors. La température était tout autre que celle qui régnait à l'extérieur, et l'on n'y sentait pas un souffle d'air. Léon, bien roulé dans son manteau, éprouvait un sentiment de chaleur douce et de bien-être qui n'aurait pas tardé à le conduire au sommeil, si la curiosité ne l'avait tenu éveillé. Il ne s'expliquait pas très-bien l'effet que François semblait attendre de ses inventions, et il prit le parti de l'interroger là-dessus.

— Il ne faut parler que le moins possible, lui dit celui-ci à voix très-basse ; les canards sauvages ont l'ouïe très-fine, et, s'ils entendaient notre voix, toutes les peines que nous nous sommes données seraient perdues ; car ils ne s'approcheraient pas. Cependant, je veux bien vous donner l'explication que vous me demandez. Il y a sur cet étang un très-grand nombre de ces oiseaux ; je les ai vus hier. Ils sont, dans ce moment, cachés dans les roseaux du rivage opposé à celui où nous nous trouvons. Ils dorment probablement ; mais dans la bande, il y en a bien quelques-uns d'éveillés. Lorsque ceux-ci vont apercevoir, si toutefois ils ne l'ont pas déjà aperçu, notre appareil lumineux et le cercle brillant qu'il trace sur les eaux, ce sera parmi eux, comme vous le pensez bien, un grand étonnement. Ils se parleront pour communiquer leurs impressions ; ils feront mille commentaires, et le bruit de leur conversation réveillera les autres. Tous alors s'approcheront pour examiner de plus près le phénomène. C'est du moins comme cela que je m'explique leur conduite, qui est toujours la même en pareil cas. J'en ai fait l'expérience plus de vingt fois. Peut-être aussi que ces pauvres bêtes ont l'ingénuité de prendre ma lampe et mon chaudron pour le soleil levant et qu'elles viennent le saluer à son réveil. Quoi qu'il en soit, tous ceux qui se trouvent en ce moment sur l'étang vont s'approcher ; ils trouveront nos escargots, et, comme ils sont très-goulus et que le mets leur plaît fort, ils se le disputeront, et, parmi eux, ce sera à qui les avalera le plus vite. Alors, monsieur Léon, nous n'aurons plus qu'à tirer à nous les plus favorisés... Mais, chut !

L'invitation au silence que François adressait en ce moment à ses compagnons avait un motif sérieux. La tête d'un canard venait d'apparaître dans le cercle lumineux tracé sur les eaux par la clarté de la lampe. L'oiseau se tint pendant quelque temps sur la limite qui séparait la lumière et l'ombre, parlant tout seul en apparence, mais, en réalité, jasant avec des camarades encore invisibles. Tout en dialoguant, il baissait et relevait son cou alternativement. Il se faisait voir tantôt de face, tantôt de côté ; mais il ne présentait jamais qu'une moitié de son corps ; l'autre restait toujours plongée dans l'obscurité. Il paraissait incertain, et l'on eût dit qu'il délibérait sur ce qu'il avait à faire en présence d'un évènement qui confondait son expérience de canard.

On comprend à quelle cruelle épreuve de patience les tergiversations de l'oiseau mettaient nos trois compagnons. Léon surtout, peu habitué aux émotions de la chasse ou de la pêche, était dans la situation la plus pénible. Le cou tendu, l'œil fixe et démesurément ouvert, il suivait avec une anxiété profonde les moindres mouvements de l'animal. Son cœur battait avec une violence extrême, et, dans la crainte de faire quelque bruit qui effrayât l'oiseau, il se permettait à peine de respirer. Il lui aurait été impossible de résister longtemps à cette incertitude terrible ; mais, heureusement, elle ne se prolongea pas au-delà de quelques minutes. Le canard prit enfin son parti et entra résolûment dans le cercle formé par la lumière. En même temps, tous ses camarades, au nombre d'une vingtaine, l'y suivirent. La petite flottille avança ainsi en bon ordre, et chacun gardant son rang, jusqu'au radeau. Mais là, tout changea d'aspect, et la gourmandise triompha de la discipline. A peine les canards eurent-ils aperçu les escargots qu'ils sautèrent sur le radeau et se jetèrent sur la proie appétissante qui leur était offerte. En un clin d'œil, ils eurent tout avalé, et l'embarcation se trouva aussi nette que la main. Il y avait douze escargots attachés à douze hameçons, il y eut douze canards de pris.

— Le tour est fait, s'écria alors François, tout joyeux. Allons, monsieur Léon, il ne s'agit plus que de tirer les lignes et de nous assurer de nos prisonniers.

En disant ces mots, il mit la moitié des lignes dans les mains de Léon, et l'autre dans celles de Pierrot, en leur recommandant de tirer doucement, sans saccades ni interruption. Quant à lui, il s'approcha du rivage pour s'emparer des canards à mesure qu'ils y aborderaient. Ce plan eut un succès complet : néanmoins, les oiseaux, se sentant pris, ne se laissèrent pas remorquer sans résistance ; ils se débattaient violemment, frappant l'eau de leurs ailes, et essayant de prendre leur vol. Mais tous leurs efforts furent inutiles ; il fallut céder à la force qui les entraînait, et arriver, bon gré malgré, entre les mains du redoutable François. Celui-ci, à mesure qu'ils atteignaient la rive, s'en emparait, leur tordait le cou charitablement, et les déposait à côté de lui. Chaque fois qu'il faisait cette opération, il poussait une légère exclamation exprimant l'apaisement graduel de sa conscience.

— Allons, disait-il, en voilà encore un qui, du moins, ne souffrira plus.

Au bout de quelques minutes, sa conscience fut complètement soulagée. Son douzième remords gisait sans vie à côté de lui.

— Eh ! les enfants, cria-t-il alors joyeusement, vous pouvez venir voir maintenant nos mangeurs d'escargots.

Pierrot et Léon s'approchèrent. Après qu'ils eurent contemplé leur conquête et satisfait leur curiosité :

— Voici le jour qui commence à paraître, leur dit François ; nous n'avons plus rien à faire ici ; ramassons nos oiseaux et retournons à la maison.

Il en donna trois à porter à Léon, autant à Pierrot, et il se chargea du reste, ainsi que du chaudron et de la lampe. Tout étant ainsi disposé, on reprit le chemin de Coarraz.

Comme on approchait de la maison, François dit à Léon :

— Nous avons si bien réussi dans notre pêche aux canards que j'ai le pressentiment que cette journée nous sera favorable en tout. Passons par le parc, monsieur Léon, et voyons si, par hasard, notre renard ne se serait pas pris cette nuit.

Léon accueillit avec plaisir la proposition ; on fit un petit détour, et on entra dans le parc. Dès que François put apercevoir la clairière :

— Que vous disais-je ? s'écria-t-il. Il y a certainement du nouveau. Regardez, monsieur Léon, au milieu de la clairière ; ne voyez-vous pas un endroit où il y a moins de neige que dans les autres?

— Oui, dit Léon.

— C'est l'endroit, reprit François, où ma trappe aura basculé. Dans son mouvement, elle aura entraîné la neige qui la recouvrait. Mais approchons-nous, et voyons si ma conjecture est fondée.

Il fit quelques pas en avant, mit un genou en terre, puis, appuyant d'une main sur la trappe, il la fit jouer et regarda avec attention dans l'intérieur de la fosse.

— Approchez-vous, monsieur Léon, dit-il, et penchez-vous comme moi.

Les deux enfants s'empressèrent de se conformer à ces prescriptions.

— Voyez-vous, leur dit alors François en leur désignant un endroit obscur de la fosse, voyez-vous briller ces deux lumières rougeâtres?

— Oui, dirent en même temps Léon et Pierrot.

— Eh bien! ce sont les yeux de notre renard, reprit François. Ah! bandit, je te tiens enfin, et tu vas expier tes brigandages!

François se disposait à enlever la trappe et tout l'appareil, pour se rendre maître de l'animal, lorsque Léon lui fit observer qu'il avait promis à Jules de le rendre témoin de cette capture.

— C'est juste, dit François; il ne faut pas le priver de ce plaisir. Eh bien! Pierrot, cours à la maison et dis-lui de venir ici sur-le-champ; il est déjà grand jour, et tu le trouveras à coup sûr réveillé.

Le jeune paysan partit aussitôt pour faire la commission qu'on lui donnait. Son absence ne dura que quelques minutes. Il revint, accompagné non-seulement de Jules, mais encore de Marie et de M. Derville. Le général, ayant appris ce dont il s'agissait, avait voulu, lui aussi, assister à la prise du renard. Peu après eux arriva, de son côté, Jeannette. C'était elle qui nourrissait contre le criminel la plus grosse rancune, et pour rien au monde elle n'aurait voulu se priver du plaisir de contempler son châtiment.

Elle amenait avec elle notre ancienne connaissance Pilate. François n'avait pas voulu le prendre avec lui le matin, craignant qu'avec ses habitudes de pétulance il n'effrayât les canards. Il était donc resté dans la basse cour, et, quand la jeune paysanne, avertie par Pierrot, s'était mise en route pour venir assister au supplice du renard, le petit animal l'avait suivie. Il avait, du reste, une mine singulière. En revoyant son maître, il ne donna signe de joie ; il paraissait même ne s'approcher qu'avec une extrême répugnance. Il s'arrêta à quelque distance ; puis, ayant hésité un certain temps, il finit par reprendre le chemin de la maison, les oreilles rabattues et la queue entre les jambes.

— Voilà qui n'est pas naturel, dit François, qui avait observé son chien avec attention. Il faut qu'il se passe quelque chose d'extraordinaire ; Pilate n'a pas l'habitude de faire de pareilles grimaces.

Après cet incident qui n'eut pas d'autres suites, François, aidé de Léon et de Pierrot, enleva la trappe, et l'on put voir, dans toute son étendue, l'intérieur de la fosse. Un cri de surprise jaillit aussitôt de toutes les bouches. Le renard y était bien ; mais il y avait aussi un loup, et l'on ne s'attendait pas à trouver là un pareil hôte. Comme son compagnon de captivité, il avait flairé l'oie ; comme lui, il s'était jeté dessus pour la dévorer, et, comme lui enfin, il avait été entraîné dans le piége.

— Parbleu, dit François, je comprends maintenant les mines de Pilate et sa répugnance à approcher ; c'est qu'il sentait le loup, et, voyez-vous, cette odeur ne lui plaît que jusqu'à un certain point. Ma foi, je ne pensais pas que mon invention ferait deux victimes.

Elle en avait même fait trois, à bien compter ; car, pendant qu'on enlevait la trappe, l'oie qui servait d'appât s'était débattue, avait rompu ses liens, et, en voulant s'envoler, elle était tombée, elle aussi, dans l'abîme : juste entre le loup et le renard, position, en apparence, fort délicate, et qui excita d'abord l'attention des assistants ; mais personne n'en fut plus ému que Jeannette.

— Eh ! ma pauvre oie ! s'écria-t-elle, bien sûr, elle est perdue. Le loup va la manger, si ce n'est le renard.

— Ne craignez rien, lui dit M. Derville, elle pour·
rait rester toute la journée entre ses deux ennemis,
sans qu'ils songeassent à lui faire le moindre mal.
Ils se sentent pris et n'ont de pensée que pour la
position critique où ils se trouvent eux-mêmes.

Les deux carnassiers paraissaient, en effet, fort
penauds. Ils restaient chacun à leur place sans bou-
ger, sans faire un mouvement, ne remuant que les
yeux, qu'ils roulaient dans leurs orbites d'un air
stupide et hagard. Ils semblaient très-bien comprendre qu'ils n'avaient aucune merci à espérer, et
l'on eût dit qu'à l'approche du châtiment qu'ils
avaient si bien mérité, ils étaient troublés, pour la
première fois, par leur mauvaise conscience.

—Maintenant, dit M. Derville, il s'agit de les tuer
ou de les prendre ; comment allez-vous faire,
François ?

— Mon général, répondit celui-ci, tuons le loup,
je le veux bien ; mais permettez-moi de garder le
renard, si je puis le prendre vivant ; ce sera un
camarade pour le blaireau de monsieur Léon.

— Garder le renard ? dit Jeannette, qui a mangé
mes poules, mes canards et détruit toute ma basse-
cour ! Etes-vous fou, François ? Sauvez bien plutôt
le loup ; cette pauvre bête, après tout, ne nous a
rien fait.

— Va, Jeannette, répondit François, s'il ne nous

a rien fait, ce n'est pas sa faute. Pous se comporter comme son voisin le renard, il ne lui a manqué, j'imagine, que l'occasion.

Ce débat entre les deux serviteurs aurait pu se prolonger longtemps, si M. Derville ne l'avait tranché en décidant que l'on conserverait le renard, si la chose était possible.

— Ce n'est pas cependant, ajouta-t-il, que je pense que vous puissiez l'apprivoiser ; il me paraît trop vieux ; mais enfin je consens à ce que vous en fassiez l'essai.

Pendant que le général parlait, François avait défait le paquet de cordes qu'il avait emporté à l'étang pour faire des lignes. Il choisit la plus forte qu'il put trouver, et il fit un nœud coulant à l'un de ses bouts. Il se pencha ensuite sur la fosse, juste au-dessus du loup, et il fit descendre le nœud coulant jusqu'auprès de la tête de l'animal. Celui-ci ne s'aperçut de rien, parce que la corde descendait derrière sa tête, perpendiculairement à son cou, par conséquent, hors de la direction de sa vue. Mais la grande difficulté était dans ce qui devait suivre. Il fallait, par une manœuvre adroite, porter le nœud coulant en avant, le descendre vis-à-vis de la tête du loup, puis, l'ayant fait passer dans son cou, le serrer vivement en ramenant la corde à soi. Tous ces mouvements devaient s'exécuter presque

à la fois et avec une telle prestesse que l'animal, à
qui il s'agissait de les escamoter, n'eût pas, pour
ainsi dire, le temps de s'en apercevoir. Tout cela
fut accompli par François avec une habileté et un
succès étonnants. Lorsque le loup se sentit pris, il
avait déjà les pattes en l'air et était dans l'impossibilité de se défendre. François le hissa jusqu'au
bord de la fosse ; là, il fit tenir la corde par Pierrot ;
quant à lui il prit une ficelle et musela solidement l'animal. Il lui attacha aussi les pattes et,
l'ayant mis ainsi dans l'impuissance de mordre et
de s'échapper, il l'attira tout à fait hors de la fosse
et l'étendit par terre aux pieds des enfants. Ceux-ci,
à la vue de cette bête farouche dont le poil hérissé
et les yeux tout injectés de sang semblaient respirer la fureur, furent instinctivement saisis de
crainte, et firent précipitamment plusieurs pas en
arrière.

François ne se donna pas la peine de prendre
avec le renard tant de précautions. Il se jeta tout
simplement dans la fosse, décidé à engager une
lutte directe avec l'animal, pour s'en rendre maître.
Il y parvint en employant à peu près les mêmes
moyens qui lui avaient si bien réussi dans la grotte
avec le blaireau. Il musela sa nouvelle proie comme
il avait fait à la première, lui lia aussi les pattes et la
rejeta hors de la fosse. Enfin, il ramassa l'oie et la

rendit à Jeannette qui la lui avait prêtée. Tout cela fait, il remonta lui-même.

— Maintenant, mes enfants, dit M. Derville, nous n'avons plus rien à faire ici. Retournons à la maison. Jeannette et nous, nous allons emporter les oiseaux ; François et Pierre se chargeront du renard et du loup.

On se distribua les animaux d'après le plan indiqué par le général et l'on se mit en marche. Chemin faisant, Marie demanda à son père si les loups se creusaient des terriers, comme les blaireaux et les renards.

— Non, ma fille, répondit le général, et cette différence dans les habitudes de ces animaux en dénote une autre dans leurs mœurs et leur caractère. Le loup est un vagabond sans feu ni lieu ; le blaireau et le renard sont, au contraire, des animaux domiciliés. Le domicile fixe est un premier pas, un acheminement vers la vie sociale. Aussi les renards et les blaireaux sont-ils beaucoup plus sociables que les loups. Ce dernier animal fuit toute compagnie, même celle de ses semblables. Il n'a de goût que pour une indépendance farouche ; la plus pressante nécessité a seule le pouvoir de l'y faire renoncer. Lorsqu'ils sont tourmentés par une faim trop forte, ils s'associent et chassent en commun. Les paysans qui habitent sur les lisières des forêts entendent souvent leurs voix se répondre pendant les nuits d'hiver; c'est une compagnie de loups qui chassent, et ces voix sont des signaux par lesquels ils se communiquent des nouvelles et des renseignements.

Les loups suivent les armées et profitent de la fureur de l'homme. Ils déterrent, après les batailles, les cadavres des soldats qui ont été tués et les dévorent. Lorsqu'ils ont une fois goûté à la chair humaine, ils la préfèrent à toutes les autres. Le loup est naturellement poltron; mais, quand sa faim est extrême, il se jette sur les enfants, sur les femmes, et même sur les hommes. S'il est pris dans un piége, il perd tout courage; il ne se défend même pas contre ceux qui l'attaquent. Ainsi, François aurait pu s'approcher de celui-ci dans la fosse et le museler sans qu'il opposât de résistance. Quelquefois les loups attaquent les bœufs dans les pâturages; ceux-ci alors se réunissent, forment un cercle, au milieu duquel se placent les veaux et les vaches, et opposent partout à leurs ennemis un rempart de cornes menaçantes.

Vous pouvez voir, d'après celui que nous avons pris, que les loups ont avec les chiens une grande ressemblance, à tel point que l'on pourrait croire que le loup est un chien sauvage ou que le chien est un loup domestique. Mais l'analogie s'arrête à la forme extérieure ; rien n'est plus opposé que le caractère de ces deux animaux.

Le chien aime l'homme et recherche sa société ; le loup le fuit au contraire comme son plus redoutable ennemi. L'un emploie ses talents à notre service ; l'autre ne cherche qu'à nous nuire. La nature a séparé ces animaux par une profonde antipathie ; ils ne peuvent se rencontrer sans qu'il ne s'en suive un combat acharné, et presque toujours mortel pour l'un des adversaires. Si c'est le loup qui triomphe, il déchire impitoyablement et dévore son ennemi, le chien, plus généreux, se contente de la victoire et respecte le cadavre du vaincu.

— Pourriez-vous croire, monsieur Léon, dit alors François, qu'une chèvre ait jamais pu prendre un loup ?

— Non, certainement, dit Léon.

— Eh bien ! répartit François, c'est pourtant un fait qui est arrivé et dont, moi qui vous parle, j'ai été témoin.

— Voyons cette histoire, dit Léon d'un air incrédule.

— Vous savez, dit François, que dans nos campagnes les portes des maisons sont généralement composées de deux parties : l'une supérieure qui, restant continuellement ouverte, donne du jour à la chaumière ; l'autre inférieure que l'on tient fermée pour se préserver de l'importunité des animaux domestiques. Ce sont deux vrais battants ; seulement ils sont horizontaux, au lieu d'être verticaux, comme la plupart des autres. Un de nos voisins avait une chèvre qu'il logeait dans une étable munie d'une porte semblable. Un jour, sa femme, avant d'aller au lavoir, attacha la bête à la ferrure du battant supérieur de cette porte. Notre voisine ne s'était point donné la peine de le fermer, jugeant la chose inutile. Il était donc resté entrebâillé. La corde à laquelle la chèvre était attachée avait une certaine longueur, et la femme avait arrangé ainsi les choses à dessein, voulant que, pendant son absence, la bête pût brouter l'herbe qui croissait çà et là aux environs. Survient un loup qui, voyant cette bonne chèvre, grasse, et en bon point, croit d'abord que c'est un régal que le ciel lui envoie pour le récompenser de quelque bonne action qu'il a certainement faite, mais dont il ne se souvient pas très-bien. « Mais, quoi ? se dit-il, c'est vraiment trop pour un loup. Me prend-on pour un ogre ? Après tout, je sais bien ce que je ferai ; je donnerai un dîner auquel j'inviterai tous mes amis ; je veux qu'ils aient part à ce bienfait de la Providence. Mais ce sera sans façon, car je n'aime point les cérémonies. »

Dans cette pensée agréable, notre loup s'approche avec précaution de la chèvre qui, ne se doutant de rien, continuait à paître tranquillement. Suivant les accidents du terrain, il avançait tout droit ou faisait des détours, se cachant derrière un buisson, un arbuste, une touffe d'herbe. En lui voyant décrire ces lignes d'approches autour de l'animal qu'il convoitait, vous eussiez dit le maréchal Pélissier faisant le siége de Sébastopol.

— Mais, dit M. Derville, où avez-vous pris, François, ces comparaisons militaires? Vous n'avez jamais, que je sache, fait la guerre, ni même été soldat.

— Non, mon général, répondit François. Mais mon père a fait toutes les campagnes de l'Empire, et son grand plaisir était de me les raconter. Il n'est pas étonnant que j'aie quelque érudition dans les choses militaires.

Le loup, continua-t-il en reprenant son histoire. s'avance donc avec une extrême prudence. Dès qu'il se croit à portée, il fait un bon terrible pour se précipiter sur sa proie; mais il avait mal calculé la distance, et, au lieu de tomber sur la chèvre, il tomba un peu en arrière. La bête manquée a vu enfin le péril.; pleine d'effroi, elle se jette dans l'étable en sautant par-dessus le battant inférieur de la porte. Le loup, qui ne veut pas que sa proie lui échappe, une proie si belle et à l'occasion de laquelle il a invité ses amis, s'élance après elle et la poursuit dans sa retraite.

La chèvre, alors, qui l'a vu entrer, s'élance dehors, fuit, et arrivée au bout de sa corde, tire dessus pour fuir plus loin. Mais en tirant elle ferme le battant supérieur de la porte, et maître loup se trouve prisonnier.

Lorsque la bonne femme revint du lavoir, elle vit sa chèvre qui donnait des signes d'une terreur et d'une agitation extraordinaires. Elle voulut la remettre à l'étable ; mais la bête, plaçant ses pattes de devant en arc-boutant, opposa une résistance invincible. Elle poussait en même temps des bêlements de détresse. Notre voisine n'y comprenait rien. S'étant avisée d'aller regarder dans l'étable, elle aperçut notre loup qui, tapi dans un coin obscur, se faisait aussi petit que possible, et paraissait tout honteux de sa mésaventure.

— *Honteux comme un loup qu'une chèvre a pris*, dit Léon.

— Justement, dit François. C'est qu'en effet, monsieur Léon, ce doit être tout de même bien humiliant pour un loup. Encore si le nôtre en avait été quitte pour la peur, j'imagine qu'il s'en serait consolé. Mais notre voisine, tout effrayée, referma vivement la porte et vint conter partout l'aventure. On courut à l'étable avec des fourches et des bâtons et l'on assomma bel et bien le donneur de dîners ; triste dénoûment après les illusions dont il s'était leurré.

15*

Lorsqu'il eut achevé son récit, François quitta M. Derville et les enfants pour prendre avec Pierrot le chemin de la basse-cour et de l'écurie. Ils emportèrent le loup et le renard. Après qu'ils se furent éloignés :

— Papa, dit Léon, les canards sauvages ne restent pas dans nos climats pendant la saison chaude, n'est-ce pas ?

— Il y en a quelques-uns, répondit M. Derville, qui y restent, qui y font leurs nids et y élèvent leurs petits. Mais ils sont très-peu nombreux. Presque tous partent vers la fin de février pour ne revenir qu'au mois d'octobre ou de novembre.

— Et où vont-ils ? demanda Léon.

— Ils se rendent lui répondit son père, dans les contrées du nord, en Laponie, en Sibérie, au Spitzberg, dans le Groënland. C'est là qu'ils nichent et qu'ils font leurs petits. Au mois de mai, toutes les plaines de ces vastes régions sont remplies de leurs nids. Ils y passent tout le printemps et tout l'été. Mais, en automne, les étangs et les rivières de ces pays voisins du pôle commencent à geler. Une neige épaisse tombe et couvre la terre. Pendant six mois, la nature y est frappée de mort. Alors ces oiseaux, qui ne trouvent plus de nourriture dans ces contrées inhospitalières, viennent en chercher dans celles du midi. Ils commencent à paraître dans nos climats vers le 15 octobre ; mais ce n'est qu'une avant-garde peu considérable. Le gros de l'émigration n'arrive que dans le courant du mois de novembre. On les voit passer à cette époque par bandes nombreuses, formant dans l'air des triangles réguliers, dont la pointe dirigeante est tournée vers le sud. On les reconnaît à cette disposition de leur vol, qui est toujours la même.

Lorsqu'ils veulent s'abattre sur un étang ou sur une rivière, ils décrivent d'abord au-dessus de grandes circonvolutions, examinant sans doute si la place est sûre et si quelque ennemi n'est pas caché dans les roseaux ou dans les buissons du voisinage. Quand ils ne découvrent rien de suspect, ils descendent, mais doucement et en silence. Ils s'occupent aussitôt à chercher leur nourriture, qui se compose d'insectes aquatiques, de grenouilles, de petits poissons, etc. Mais la prudence n'est pas oubliée ; des sentinelles veillent à la sûreté commune, et, à la moindre apparence de danger, elles jettent un cri d'alarme ; à ce signal, toute la troupe s'enlève et part à grand bruit.

On désigne sous le nom de migrations les passages des oiseaux d'un climat dans un autre. L'instinct des voyages n'est pas, en effet, le partage exclusif des canards. La nature en a doué un grand nombre d'autres espèces, telles que les merles, les grives, les hirondelles, les fauvettes, les coucous, les rossignols, les grues, les cigognes, les oies sauvages, etc. Quelques jours avant le départ, on observe parmi ces oiseaux les signes d'une préoccupation évidente; ils sont inquiets, agités, comme il convient à l'approche d'un si grand évènement. On les rencontre plus souvent réunis et par bandes plus nombreuses. Les endroits où on les voit ainsi rassemblés, sont différents, suivant les espèces. C'est quelquefois le haut d'une vieille tour en ruines, le milieu d'une vaste prairie, le sommet d'une colline, ou tout simplement le bord d'un toit. Durant ces réunions, ils confèrent, ils se parlent d'une manière vive et animée. J'ignore s'ils se disent des injures; mais, à cela près, ce sont de véritables assemblées, où se discutent de graves intérêts publics.

C'est là qu'on fixe le jour du départ, qu'on règle toutes les questions relatives au voyage; et jamais décret d'assemblée ou de souverain ne fut mieux obéi. Le fameux jour est-il arrivé? tous partent. La veille, on en voyait un grand nombre, le lendemain on n'en voit plus; c'est à peine s'il en reste un sur mille, des enfants sans doute, des éclopés, qui ne se sont pas senti la force de faire le voyage.

Mais je voudrais, mon enfant, te rendre sensible la sagesse admirable qui préside à la conduite de ces oiseaux dans leurs déplacements périodiques. Lorsqu'un général veut conduire son armée dans un pays ennemi, il se garde bien de la faire passer tout entière par la même route. Il sait qu'un si grand rassemblement d'hommes aurait bien vite épuisé les ressources de la contrée qu'il traverserait, et que ses soldats se trouveraient exposés à manquer de subsistances. Que fait-il pour éviter un si grave inconvénient? Il étudie la carte du pays qu'il s'agit d'envahir, et se rend un compte exact de ses voies de communication, puis, divisant son armée en plusieurs corps, il fait suivre à chacun une route différente, afin que l'armée entière, répartie sur une large surface et profitant des ressources d'un grand nombre de localités, puisse se procurer aisément de quoi se nourrir. Cette obligation de trouver des vivres pour une multitude d'hommes aussi considérable qu'une armée est une des principales difficultés, un des grands soucis du commandement militaire, et, quand un général s'en acquitte bien, il en acquiert beaucoup de gloire.

Cette gloire très-légitime, il doit la partager avec nos oiseaux voyageurs.

Remarque, en effet, qu'ils ont absolument les mêmes précautions à prendre pour éviter les mêmes inconvénients. S'ils arrivaient tous dans une contrée unique, elle serait encombrée et, au bout de peu de jours, la race entière serait en péril de mourir de faim. Comment cela n'a-t-il jamais lieu? Comment n'y a-t-il jamais trop-plein dans un pays, absence totale dans un autre? Ont-ils donc aussi leur carte qu'ils étudient et d'après laquelle ils se dirigent? Quel est cet étrange état-major qui ne se trompe jamais dans ses calculs et dont les prévisions sont infaillibles? Leur carte, dans tous les cas, serait d'une tout autre dimension que celle de notre général de tout à l'heure; car elle devrait comprendre à peu près la moitié du globe. Se distribuent-ils tous les ans les différents territoires de cet immense empire, et chacune des tribus, dont la nation entière se compose, se rend-elle dans le lot géographique qui lui est tombé en partage? Nous n'en savons rien; nous ne connaissons pas les moyens qu'ils emploient, mais nous en voyons les effets. Le phénomène se passe chaque année sous nos yeux. Chaque année, ces oiseaux arrivent à se répartir d'une manière à peu près égale sur toute la surface du globe.

Si l'on disait, pour rendre raison de ce fait merveilleux, que ces oiseaux reviennent toujours aux mêmes lieux où ils sont déjà venus et que leur distribution dans les différentes contrées se fait ainsi tout naturellement, on ne dirait rien. On ne ferait que reculer la difficulté; il resterait toujours à expliquer comment s'est opérée la répartition primitive, c'est-à-dire celle qui a précédé toutes les autres. Mais d'ailleurs on sait que les oiseaux voyageurs ne quittent pas tous à la fois leur patrie. Les premières colonnes d'émigration ne se composent que des vieux. Les jeunes, comme s'ils étaient plus attachés à la terre où ils viennent de naître et à laquelle ils ne peuvent encore en comparer aucune autre, ne partent que plus tard. Ces derniers n'ont jamais vu les régions où ils se rendent. Ils n'ont aucun motif de préférer telle contrée à telle autre. Ils font un choix pourtant, et ce choix est tel qu'il les partage en nombre à peu près égal entre les diverses parties de notre hémisphère.

Autre mystère non moins inexplicable. Après t'avoir conduit à une dizaine de lieues d'ici, les yeux couverts d'un bandeau, je suppose que je te rende l'usage de la vue et que je te dise : tu vas maintenant retourner tout seul à Coarraz, sans demander ton chemin à personne, avec les seules ressources de ta sagacité. J'imagine que tu ne serais pas médiocrement embarrassé et qu'il t'arriverait plus d'une fois de prendre à droite, quand il faudrait prendre à gauche, et réciproquement.

— Ma foi, je crois bien que je n'en viendrais jamais à bout, dit Léon.

— Je ne suis pas très-éloigné de le croire non plus,

dit en souriant M. Derville. Mais tu ne dois pas en être honteux; de plus savants et de plus expérimentés que toi n'y réussiraient probablement pas mieux. Les hommes sont parvenus à se diriger sur la mer, et à aborder suivant leur volonté, sur tel ou tel point du monde. On regarde cela comme un miracle du génie humain, et l'on a raison. Mais, pour arriver à ce résultat, il a fallu près de six mille ans de tâtonnements et d'efforts. Il a fallu l'invention de la boussole, sans laquelle les longs voyages sur mer seraient bien souvent impossibles. Eh bien, cette merveille d'industrie qui a tant coûté aux hommes, une grue, une oie l'a trouvée du premier coup ; les oiseaux, dans leurs migrations, traversent des espaces énormes, des distances de mille, de deux mille lieues. Comment se dirigent-ils sur cet immense océan de l'air ? Quelle est la boussole qui conduit leur flotte aérienne, la nuée lumineuse qui guide au milieu des déserts du ciel ces chercheurs de terres promises ? Ont-ils reçu de la nature des sens qui nous manquent ? Nous n'en savons rien ; mais une chose est certaine, c'est qu'ils ne s'égarent jamais et qu'ils vont aussi droit à leur but, quelque éloigné qu'il soit, que si leur route était jalonnée partout de poteaux indicateurs.

Avant l'invention de la télégraphie électrique, on a quelquefois profité de cette faculté des oiseaux pour communiquer rapidement au loin certaines nouvelles importantes. On avait, par exemple, à Bordeaux, grand intérêt à connaître le discours que devait prononcer la reine d'Angleterre à l'ouverture du parlement. Un habitant de Bordeaux enfermait dans un panier ou dans une cage un pigeon qui avait des petits et se rendait à Londres. Dès que le discours royal avait paru, il en transcrivait les phrases intéressantes sur une feuille de papier aussi mince que possible, puis, ayant attaché l'écrit sous l'aile de l'oiseau, il lâchait celui-ci. Le pigeon, rendu à la liberté, commençait par s'élever à une grande hauteur ; là, il planait quelque temps, paraissant s'orienter. Ensuite, il prenait son parti et on le voyait filer à tire d'ailes dans la direction de Bordeaux. Le lendemain, il était de retour auprès de sa famille et, en le débarrassant de l'écrit dont il était porteur, on pouvait prendre connaissance de la nouvelle. On ne veut pas accorder d'intelligence aux oiseaux ; on dit que c'est de l'instinct ; instinct, soit. Mais il est sûr que cet instinct fait des choses que ne fera jamais l'intelligence humaine, même la plus sublime.

Si nous ne connaissons pas les moyens qu'emploient les oiseaux pour se guider dans leurs migrations, nous pouvons aisément deviner les desseins qu'a eus la Providence en leur inspirant cet amour des voyages. Vous avez lu dans l'histoire sainte que Dieu, prenant pitié des Hébreux qui périssaient de faim dans le désert, leur envoya des bandes de cailles dont ils s'emparèrent et dont ils se nourrirent. Ce miracle, mes enfants se renouvelle tous les ans. Ces oiseaux qui chaque année émigrent dans nos climats, c'est la Providence qui nous les envoie. Dans sa bonté ingénieuse, elle a imaginé ce moyen d'ajouter un supplément aux ressources alimentaires que nous nous procurons par notre industrie. C'est un plat qu'elle fournit à notre table ; sans doute nous tenons d'elle aussi tous les autres ; mais elle nous les fait payer par un travail long et pénible ; celui-ci ne nous coûte rien. C'est un pur don de sa libéralité, et, comme en cette occasion, elle semble s'être piquée de faire tout à fait bien les choses, elle a voulu qu'il fût, non-seulement sain et nourrissant, mais encore agréable. La chair de ces oiseaux est, en général, d'un goût exquis. Comme une mère qui gâte ses enfants et se prête à leurs faiblesses, Dieu a poussé la bonté jusqu'à vouloir complaire à notre sensualité.

Maintenant, mes enfants, continua M. Derville, vous pouvez comprendre pourquoi les oiseaux voyageurs se répartissent à peu près également entre toutes les contrées des climats tempérés. C'est afin qu'une plus grande quantité de peuples ait part au bienfait. La table du banquet est immense, et le père de famille l'a voulu ainsi; car il a une multitude infinie d'enfants, et il fallait que le plus grand nombre possible de convives pût y trouver place.

— Puisque tu parles de banquet, papa, dit Léon, pourquoi Dieu ne tient-il pas le sien servi toute l'année? ce serait bien mieux, si ces oiseaux ne quittaient jamais nos climats.

— Tu oublies, mon enfant, répondit M. Derville, que dans ces régions glacées où ils retournent pendant l'été, il y a aussi des hommes, quoiqu'en petit nombre, et qu'ils ont pour le moins autant de droits que nous aux aumônes de Dieu. Les Groënlandais, les Samoyèdes n'ont pas pour se nourrir les productions d'une terre fertile, comme les heureux habitants des climats tempérés. Celle qu'ils habitent ensevelie sous une neige presque éternelle, est frappée de stérilité. L'arrivée de ces oiseaux dans leurs contrées est donc pour eux un bienfait précieux. Ils se nourrissent de leur chair; ils emploient leur graisse en guise de beurre pour assaisonner leurs aliments. Les pauvres Esquimaux ont même trouvé moyen de tirer parti de leur fiente; celle de l'oie, lorsqu'elle est sèche, leur sert de mèche pour mettre dans leurs lampes. C'est une pauvre ressource, dit un voyageur; mais cela vaut toujours mieux que rien.

En faisant passer à ces oiseaux six mois par an

dans les pays du Nord, la Providence a eu encore d'autres vues plus générales et plus importantes. S'ils avaient fait leurs petits dans nos climats où la population est si nombreuse et si pressée, leurs espèces auraient été menacées de destruction. L'homme eût pu leur faire une guerre continuelle et il n'y eût pas manqué. Il n'eût pas même respecté leurs couvées. Non content de détruire le présent, il eût porté les mains jusque sur l'avenir, en ravageant leurs nids et en s'emparant de leurs œufs. Contre un pareil danger Dieu a pris ses précautions. Il ne laisse ces oiseaux que six mois sous notre main destructive. Pendant le reste de l'année, il nous les dérobe et les abrite dans des régions que leur température nous interdit presque entièrement.

Dans ces immenses solitudes, où l'homme n'apparaît que de loin en loin, leurs amours ne sont point troublées. Ils y font leurs nids, ils y élèvent leurs petits dans la tranquillité. Chaque espèce réparant ainsi les pertes qu'elle a faites dans le voyage précédent, peut se perpétuer et continuer à remplir les intentions généreuses de la Providence. Adorable bonté de Dieu, qui n'a pas voulu que nous puissions nous priver de ses bienfaits, et qui a pris les plus grandes précautions pour nous préserver des inconvénients de notre imprévoyance !

Tous les oiseaux n'émigrent pas du nord au sud;

il y en a qui, au contraire, abandonnent les climats du midi, d'où ils semblent originaires, pour se rapprocher de ceux du nord. Ils fuient l'extrême chaleur comme les autres, l'extrême froid. De ce nombre sont les cigognes, et, en général, tous nos petits oiseaux de passage.

Les bécasses ont une façon d'émigrer qui ne ressemble point à celle des autres oiseaux. Elles ne changent point de climat; mais elles se retirent pendant l'été sur les sommets des hautes montagnes. Les nôtres, par exemple, vont chercher un refuge dans les montagnes de l'Auvergne, dans les Alpes et les Pyrénées.

— Papa, demanda alors Marie, est-ce que les poissons émigrent, comme les oiseaux?

— Oui, ma fille, répondit M. Derville. Les saumons, les aloses, les esturgeons, etc., sont des poissons de mer. A certaines époques de l'année, ils quittent l'eau salée et, remontant nos rivières, viennent, pour ainsi dire, se placer entre nos mains. Mais c'est dans les migrations du hareng que se révèlent peut-être avec le plus d'évidence les vues bienfaisantes de la Providence à l'égard de l'homme. Ces poissons quittent les mers polaires vers l'automne; ils se réunissent en nombre immense entre l'Écosse, la Hollande et la Norwége. A partir de là, ils paraissent se séparer en deux bandes; l'une s'enfonce dans la mer Baltique dont elle fait le tour en suivant les rivages ; puis, rentrant dans la mer du Nord, elle longe les côtes de la Hollande, de la France et de l'Espagne, pénètre dans la mer Méditerranée et, naviguant toujours près de la terre, ne s'arrête qu'aux extrémités orientales de la mer Noire.

L'autre bande traverse l'Atlantique et va inonder les baies et les golfes du continent américain. On assure qu'une troisième passe le détroit de Behring et se répand sur les côtes de la Chine et du Japon. Quoi qu'il en soit, vous voyez, mes enfants, que les harengs voyagent aussi près que possible de l'homme et qu'ils semblent l'inviter à profiter de leur passage pour se faire d'abondantes provisions. L'homme aussi n'y manque pas. En France, seulement, la pêche du hareng occupe cinq mille ouvriers et on n'y destine pas moins de trois ou quatre cents bâtiments.

Le harengs naviguent par troupes innombrables. Il est arrivé quelquefois qu'en certains détroits, comme dans celui du Sund, ils étaient tellement serrés les uns contre les autres qu'un navire n'y pouvait voguer. Ils couvrent la mer, partout où ils passent, d'une liqueur blanchâtre et visqueuse qui, pendant la nuit, jette des étincelles lumineuses que les pêcheurs appellent les *éclairs du hareng*.

Les petits poissons et eux-mêmes mangent leurs œufs. Les gros poissons, les baleines, les esturgeons, les requins, les oiseaux de mer, en dévorent des milliers. L'homme, avec ses filets, en prend des quantités incalculables. Mais l'espèce ne paraît pas se ressentir de cette effroyable destruction. C'est que la fécondité du hareng est prodigieuse. Un seul a quarante, cinquante et jusqu'à soixante-dix mille œufs. Cette fécondité serait même un fléau terrible, si la nature n'y avait porté remède en suscitant à ce poisson de si nombreux et si terribles ennemis. On a calculé que si aucun hareng ne périssait de mort violente, en très-peu de temps, sept ou huit ans, ils auraient comblé l'Océan. C'est ici le cas de vous rappeler ce que je vous ai dit dans une autre occasion sur la nécessité de cette loi de la nature que j'ai nommée la loi universelle de destruction. T'en souviens-tu, Léon?

— Oui, papa, répondit celui-ci; tu nous as fait remarquer d'abord que toutes les espèces d'animaux, répandus sur la terre, dans l'air, ou sous les eaux, se faisaient la guerre entre elles et n'étaient occupées qu'à s'entre-détruire. Tu nous as fait voir ensuite que cela était nécessaire et qu'il fallait absolument qu'un grand nombre d'individus périssent, afin que les espèces se conservassent. Tu as pris pour exemple le lapin et tu nous as montré que, si sa mort violente ne corrigeait pas les inconvénients de sa propagation trop rapide, il aurait bientôt détruit toute vie végétale, et, par conséquent, toute vie animale sur la terre.

— C'est cela même, dit M. Derville, et je te félicite d'avoir si bien retenu ce que je vous ai dit sur ce sujet.

— Papa, dit Marie, les oiseaux émigrent et les poissons aussi ; mais les autres animaux, les quadrupèdes, les reptiles ?

— Les quadrupèdes et les reptiles, répondit M. Derville, ont les mouvements trop lents et ils marchent avec trop de difficulté pour pouvoir exécuter de bien longs voyages. Cependant l'anguille, que l'on peut considérer comme un reptile, du moins quand elle est hors de l'eau, émigre quelquefois. En été, lorsque les eaux stagnantes ne sont plus saines, elles sortent des étangs et rampant, à travers les champs, pendant la nuit, vont à la recherche d'un fleuve ou d'une rivière. Comme exemple de migrations parmi les quadrupèdes, on peut citer celles des lemmings. C'est une espèce de rat qui habite les montagnes de la Laponie suédoise. Chaque lemming y vit dans un trou particulier qu'il s'est creusé sous terre. Les migrations de ces animaux ne sont point périodiques, comme celles des oiseaux et des poissons, et elles n'ont lieu que de loin en loin, tout au plus tous les dix ans. Elles précèdent les hivers rigoureux dont les lemmings semblent avoir le pressentiment et qu'ils annoncent en quittant leur pays natal. Toute l'espèce fuit alors vers l'Océan et le golfe de Bothnie. Ils font halte pendant le jour et ne voyagent que la nuit. Ils marchent par troupes innombrables, rangés sur deux lignes parallèles ; tout est dévoré, rasé sur leur passage ; c'est comme si le pays avait été la proie d'un incendie. Ils périssent presque tous en route. Leur objet, en se déplaçant, ne paraît pas être de fonder au loin des établissements, puisqu'on ne trouve cet animal nulle part ailleurs qu'en Laponie.

Je ne sais si on peut appeler migrations des voyages entrepris par des animaux sous certaines influences particulières. Un très-grand nombre de rats suivirent, en 1814, l'armée russe jusqu'à Paris. Ces envahisseurs firent une guerre terrible aux rats français, anciens et légitimes propriétaires du sol, et ces derniers, moins gros, moins forts que leurs ennemis, furent exterminés. Aujourd'hui le rat russe règne seul dans les égoûts de Paris. Il est gris, le rat français était noir.

Il y a des insectes qui émigrent, par exemple, les sauterelles, et malheur au pays sur lequel elles s'abattent. C'est un fléau auprès duquel la grêle,

16

l'incendie et les inondations ne sont rien. Je les ai vues à l'œuvre dans les principautés danubiennes, à l'époque de la guerre de Crimée. En moins d'un mois, elles eurent tout dévoré, les blés, les pâturages, les vignes ; les forêts mêmes n'étaient pas à l'abri de leur voracité. Les paysans moldo-valaques en tuaient des quantités incalculables ; ils les écrasaient à coups de fléau ; ils allumaient des feux et les brûlaient. Mais tout cela ne servait à rien ; le nombre n'en paraissait pas diminué et l'œuvre de dévastation en était à peine ralentie.

Tant que ces insectes sont jeunes, ils n'ont point d'ailes et rampent sur la terre. Mais cela ne les empêche pas de traverser les fleuves. Quand ils en rencontrent un, ils jettent un pont dessus et passent.

— Un pont ! dit Léon étonné, et comment font-ils pour jeter un pont sur un fleuve ?

— Voici, dit M. Derville, comment ils s'y prennent : Une sauterelle entre d'abord dans l'eau, puis une autre, puis des milliers. Elles forment bientôt une masse solide, une sorte de promontoire sur lequel les autres s'avancent. Celles-ci entrent dans l'eau à leur tour et allongent le chemin flottant. L'opération continue de la même manière, jusqu'à ce que les deux rives du fleuve communiquent entre elles. La masse de l'armée d'invasion passe alors ; il va sans dire qu'il en périt des milliers, mais c'est un sacrifice nécessaire et le but est atteint.

— Les singes, dit Léon, ont aussi une manière bien singulière de passer les fleuves. J'en ai lu dernièrement la description dans un livre, et elle m'a extrêmement amusé.

— Eh bien, dit M. Derville, explique-nous leur méthode. Puisqu'elle t'a amusé, il est vraisemblable qu'elle ne nous ennuiera pas.

— Je le veux bien, dit modestement Léon, mais je crains de ne pas vous la bien décrire.

— N'importe, dit M. Derville, va toujours, nous serons indulgents.

— Lorsqu'une troupe de singes, commença Léon, arrive sur le bord d'un cours d'eau, et qu'ils veulent le passer, ils commencent par faire choix d'un arbre convenable. Il faut qu'une de ses branches les plus hautes, s'avance sur les eaux de la rivière, et qu'il s'élève vis-à-vis d'un autre arbre placé sur le rivage opposé. Lorsqu'ils en ont trouvé un qui satisfait à ces deux conditions, un singe y grimpe et va se suspendre par la queue à cette branche qui s'allonge horizontalement sur la rivière. Un second singe monte aussitôt, et, enlaçant avec sa queue le corps du premier, se laisse pendre à son tour ; un troisième, un quatrième, etc., répètent l'opération et allongent la chaîne. Elle est bientôt égale à la longueur du cours d'eau. Lorsqu'elle a atteint cette dimension, les animaux dont elle est composée, lui impriment, en se balançant, un mouvement de va et vient qui s'augmente à chaque oscillation. L'arc décrit par la chaîne devient de plus en plus grand, et, par conséquent, le singe, qui en forme l'extrémité inférieure, se rapproche de plus en plus de l'arbre situé sur le rivage où il s'agit de passer. Il arrive un moment où le mouvement d'oscillation l'en amène si près, qu'il peut saisir une branche et s'y attacher en la serrant fortement. La chaîne, tendue d'un bord à l'autre, forme alors un pont sur lequel la bande de singes traverse la rivière.

— Je comprends très-bien, dit Marie, mais que deviennent les singes qui forment la chaîne ? Ils ne sont pas passés, eux, et il n'est pas possible qu'ils passent de la même manière que les autres. Tu les laisses là suspendus en l'air, sans songer que les pauvres bêtes se fatiguent et risquent fort de tomber dans la rivière.

Léon ne fut point déconcerté par les railleries de sa sœur.

— Donne-moi le temps, lui dit-il en plaisantant lui-même, et je les passerai comme les autres. Ce serait déjà fait, si ta rage de babiller ne m'avait arrêté.

Ce même singe, continua-t-il en reprenant sa description, que nous avons vu tout à l'heure se balancer à l'extrémité inférieure de la chaîne, et qui vient de la fixer, en s'accrochant à un point stable, dès que la bande est passée, monte au faîte de son arbre et s'y cramponne solidement. Lorsque cela est fait, celui qui, le premier de tous, a commencé l'opération en se suspendant au-dessus de l'eau, sur l'autre rivage, lâche tout à coup son point d'appui, et toute la chaîne de mes singes est alors ramenée naturellement sur le bord où se trouvent leurs camarades. Et voilà tous mes animaux passés.

— J'en conviens, dit Marie; mais après les avoir mis dans une position si critique, c'était bien le moins, Léon, que tu les aidasses à s'en tirer.

— Le procédé de tes signes est très-ingénieux dit M. Derville à Léon, et tu l'as décrit avec une clarté dont je te fais compliment. Maintenant, laisse-moi achever l'histoire de mes sauterelles. Elles ressemblent tout à fait pour la forme et la couleur à cette grande sauterelle verte, armée à la queue d'un éperon recourbé, que l'on rencontre quelquefois dans nos prairies. Ces insectes volent par bandes si nombreuses que le soleil en est littéralement éclipsé. Ce sont des nuages de trois ou quatre mètres d'épaisseur. Il est quelquefois très-dangereux de se trouver au milieu d'un vol de sauterelles. On m'a raconté qu'un homme à cheval fut surpris, dans sa route, par un nuage de ces insectes et en fut étouffé, lui et sa monture. Le fait, quelque extraordinaire qu'il paraisse, n'a rien d'invraisemblable.

Ces sauterelles sont originaires des steppes de la Russie méridionale ; il y a cependant des gens qui croient qu'elles viennent de plus loin, de la haute Asie. Mais elles sont aujourd'hui parfaitement acclimatées en Moldo-Valachie. Elles s'y enterrent, elles y déposent leurs œufs, elles y naissent. C'est en automne qu'elles s'ensevelissent dans le sol. Pour cela, elles choisissent un terrain qui ne soit pas trop dur, un terrain marécageux, par exemple, ou récemment labouré. Elles se dressent toutes droites sur leur queue et s'impriment un mouvement de rotation ; elles forment ainsi un trou dans lequel elles s'enfoncent ; elles y pondent leurs œufs et meurent ; ces œufs éclosent au printemps suivant. Chaque sauterelle en pond des milliers, et ils ont une vertu productive que le feu seul peut leur faire perdre.

Pour achever ce qui concerne les migrations des animaux, ajouta M. Derville en finissant, on pourrait dire que l'homme aussi a les siennes. Pendant l'ère pastorale, avant que l'invention de l'agriculture et des autres arts ne l'eût attaché au sol, il est probable que la nécessité de trouver des pâturages pour ses nombreux troupeaux le forçait à changer de climats, suivant les saisons. Nous voyons encore aujourd'hui quelques restes de ces anciennes mœurs dans les habitudes nomades de quelques peuples de l'Asie. Nous savons, en outre, qu'à une certaine époque de l'histoire, de grands mouvements eurent lieu parmi les populations qui habitaient les contrées septentrionales de cette partie du monde.

Des nations entières s'arrachèrent de leur patrie et envahirent l'Europe. Elles arrivèrent successivement, paraissant se pousser les unes les autres, comme les flots d'une mer que le flux entraîne vers le rivage. Cette inondation, submergeant le monde romain, commença par l'ébranler, et finit par en amener bientôt la chute définitive. Sur ses débris se constituèrent la plupart des États modernes. La période pendant laquelle se passèrent ces grands évènements, est connue dans l'histoire sous le nom de *migrations des peuples barbares.*

Mais, dit M. Derville, il y a assez longtemps que nous causons; l'heure de l'étude a déjà sonné. Allez, mes enfants, vous mettre au travail.

Ils obéirent, et quelques temps après, chacun d'eux, penché sur la table d'étude, était occupé de son devoir. Mais je dois dire que ce jour-là, Léon ne fit rien qui vaille. Il n'avait pas pris sa provision ordinaire de sommeil, et pour cette raison, ses idées n'étaient pas très-nettes.

VII

Tant que dura l'hiver, il n'y eut guère que Léon
qui put employer dans des excursions au loin les
loisirs que lui laissaient ses études. Jules était trop
jeune pour participer à ces expéditions, surtout dans
une pareille saison, et il n'eut pas été convenable
que les petites filles courussent la campagne. Mais,
quoique leur activité fût renfermée dans un cercle
assez borné, elles trouvaient moyen, ainsi que leur
jeune frère, d'occuper très-agréablement le temps
de leurs récréations. Aidés de Pierrot, qui était très-
habile dans l'art de prendre les oiseaux, ces trois
derniers enfants confectionnaient des piéges, des
filets et les tendaient autour de la maison. M. Derville leur avait fait construire une jolie volière dans
une chambre qui fut consacrée spécialement à cette
destination, et des moineaux, des alouettes, des
rouges-gorges, etc., y vivaient déjà enfermés. Les
trois enfants prenaient le plus grand soin de leurs

petits pensionnaires. C'étaient eux qui leur apportaient à manger tous les matins, qui renouvelaient leur provision d'eau et qui nettoyaient leur domicile. Ils passaient quelquefois des heures entières devant la volière à contempler leurs prisonniers, à examiner leurs différentes mœurs, leurs jeux, leurs querelles. Car, il faut bien le dire, de grandes disputes s'élevaient quelquefois; mais elles étaient aussi courtes que vives, et, en général, après quelques coups de becs donnés et reçus, la bonne harmonie se rétablissait.

Dans le commencement de leur captivité, les oiseaux se montraient farouches et tristes. Les plumes ébouriffées, ils se tenaient dans un des coins de la cage, refusant de manger, et gardant une attitude mélancolique. L'approche des enfants les effrayait extrêmement et, au moindre geste qu'ils faisaient, tout était en rumeur dans la volière. Les oiseaux volaient çà et là dans le plus grand trouble et quelques-uns même se blessaient cruellement en se fappant la tête contre les grillages. Mais, au bout de peu de temps, ils s'accoutumèrent à leur nouvelle position, et la présence des enfants ne leur causa plus aucun effroi; il y en eut même qui devinrent très-familiers. Un moineau se prit d'affection pour Marie, et Camille conquit les bonnes grâces d'un rouge-gorge. Ils venaient manger dans leurs

mains ; ils reconnaissaient leurs voix, et, dès que
leurs jeunes maîtresses les appelaient, ils s'empres-
saient d'arriver. On les retira de la cage, et, bien
que les fenêtres fussent souvent ouvertes, ils ne
songèrent point à s'enfuir. Quelquefois, cependant,
il leur arriva de s'envoler dans la campagne, et les
petites filles crurent d'abord qu'ils étaient perdus,
mais elles les appelèrent et ils revinrent se poser
sur leurs épaules. Une fois, le moineau resta tout
un jour dehors ; Marie eut beau l'appeler, il ne
revint pas. La nuit arriva, et il ne rentra pas. La
jeune fille crut bien que, pour le coup, c'en était
fait et qu'elle ne reverrait plus jamais son oiseau.
Il revint pourtant le lendemain matin, mais dans
quel piteux état ! Il était à demi mort de froid et
de faim. Déshabitué de la vie indépendante, et ayant
perdu l'esprit de ressources qu'elle communique à
ceux qui la mènent, il n'avait su pendant son absence ni se procurer de la nourriture, ni trouver un
abri contre le vent et la pluie. Il avait même été un
peu battu par les moineaux, ses confrères, car il
était facile de voir qu'il ne rapportait pas toutes ses
plumes. Marie prit le petit fugitif, l'approcha du feu,
le réchauffa, lui donna à manger et le remit dans
sa volière. Il fit encore pendant quelque temps une
assez triste figure ; mais il finit par reprendre sa
gaieté ancienne et il ne lui resta de son escapade

qu'une grande répugnance pour les aventures. Depuis cette époque, il ne songea plus à s'échapper, et si quelquefois il lui arrivait de quitter l'épaule ou la main de sa maîtresse pour s'enfuir sur un arbre du jardin, il revenait presque aussitôt reprendre son premier poste. L'expérience qu'il avait faite lui avait donc été bonne à quelque chose. Il y a beaucoup de gens, réputés raisonnables, dont on n'en saurait dire autant.

C'est surtout au moyen de collets, faits de crins de cheval, que les trois derniers enfants de M. Derville prenaient des oiseaux. Pierrot, qui était très-expert dans l'art de les fabriquer, était leur fournisseur; ils les attachaient ensuite de distance en distance à de longues ficelles; puis, après avoir choisi une place convenable, ils les étendaient sur la neige. Ils répandaient ensuite sur le tout quelques poignées de balles de blé, mêlées d'un peu de grain de froment, d'avoine ou d'orge. Les pauvres oiseaux, qui dans la campagne durcie par la gelée et couverte de neige ne trouvaient pas à manger, apercevaient bientôt cette place qui contrastait avec la couleur uniforme des lieux voisins et qui semblait leur promettre une abondante nourriture. Séduits par cette apparence perfide et pressés d'ailleurs par la faim, ils s'y abattaient en foule et, en cherchant le grain répandu parmi les balles, ils se prenaient aux collets ; les enfants n'avaient plus alors que la peine d'aller les chercher.

Pierrot leur enseigna aussi un moyen de prendre des mésanges. Ce sont de jolis oiseaux, très-vifs, très-pétulants, voltigeant sans cesse de branche en branche. Comme ils ne posent jamais à terre, il fallait inventer pour eux un piége particulier. Pierrot prit une noix et en perça la coquille de part en part vers son extrémité la plus pointue. Il fit passer dans le trou une ficelle très-mince et la noua par-dessus la coquille ; il élargit ensuite l'ouverture, de manière à mettre à découvert une partie du fruit dont les mésanges sont extrêmement friandes. Après cette opération, il attacha des collets à la ficelle, tout près de la coquille, par conséquent, un peu au-dessus du nœud que nous lui avons vu faire. Lorsque tous ces préparatifs furent terminés, Pierrot, accompagné des enfants, alla suspendre l'appareil à une branche d'arbre. Si les mésanges voulaient manger le fruit, il fallait qu'elles vinssent se poser sur la noix, et, comme elle était partout entourée de collets, il était presque impossible qu'elles ne s'y prissent pas.

Les enfants attrapèrent en effet, par ce moyen, quelques-uns de ces oiseaux. Le premier qui s'y prit, Pierrot, après l'avoir détaché, le donna à garder à Jules. C'était une jolie mésange noire. Ce petit animal est très-colère, très-vindicatif et très-hardi.

Lorsque Jules l'eut pris dans sa main, il se débattit violemment, et, avec son petit bec fin et pointu, il mordit l'enfant au doigt avec une telle force que celui-ci lâcha prise, et le prisonnier s'envola. Comme Jules et Marie s'en désespéraient, Pierrot leur donna quelques motifs de se consoler.

— Il n'y a pas de quoi vous tant chagriner, leur dit-il; il est probable que vous n'auriez pas pu garder cet oiseaux dans votre volière.

— Pourquoi? fit Marie.

— D'abord, répondit le petit paysan, les mésanges sont des oiseaux très-sauvages et très-amoureux de leur liberté. Il est bien rare qu'ils ne se laissent pas mourir de faim quand on veut les retenir en captivité; et puis, même si l'on parvient à les accoutumer à l'esclavage, ils offrent un autre inconvénient : ils ont un si mauvais caractère, qu'ils ne sont occupés qu'à tourmenter les autres oiseaux. Ils les poursuivent à coups de bec, les battent et jettent le trouble dans toute la volière. Bien qu'on les voie voltiger par troupes sur les arbres, ils ne s'aiment pas entre eux, et craignent de s'approcher de trop près. Ils se connaissent et se rendent justice en se défiant mutuellement les uns des autres. Un jour, continua Pierrot, j'en pris deux, une noire et une grise; je les mis toutes les deux dans une même cage; à peine y furent-elles, qu'elles commencèrent un combat acharné qui finit par la mort de la grise. Mais la noire ne se contenta pas de voir son ennemie vaincue et renversée sans vie à ses pieds, elle s'acharna sur elle après sa victoire, lui ouvrit le crâne et dévora sa cervelle.

—Malgré toute leur gentillesse, ce sont, dit Marie, d'affreux petits oiseaux. Quel détestable caractère!

Marie était révoltée avec raison du naturel des mésanges, car elles sont très-méchantes, et Pierrot n'exagérait rien. Mais elles sont aussi très-ingénieuses, et les enfants eurent bientôt l'occasion d'en faire la remarque. Ils n'attrapèrent au piége inventé par Pierrot que deux ou trois de ces oiseaux, et cela pendant les premiers jours ; dans ceux qui suivirent, ils ne prirent rien, et pourtant, ayant examiné la noix, ils s'aperçurent qu'elle se vidait rapidement. Ainsi, les mésanges mangeaient le fruit et ne se prenaient pas. Cela les étonna, et, curieux de connaître la manière dont les oiseaux se préservaient des collets, ils se placèrent en observation à quelque distance du piége, et voici ce qu'ils virent : les mésanges, rendues prudentes par le sort de leurs camarades qui s'étaient déjà prises, ne se posaient plus sur la noix. Elles savaient que c'était là un lieu perfide d'où l'on ne pouvait pas toujours revenir. Elles se perchaient sur la branche d'où pendait la noix, et juste au-dessus du point où elle était attachée; se penchant ensuite et saisissant la ficelle avec leur bec, elles la ramenaient, en se relevant, sous leurs pattes où elles avaient soin de la maintenir. On conçoit que cette opération avait pour effet de faire remonter le fruit et par conséquent de le rapprocher de l'oiseau d'un degré. Nos industrieuses mésanges recommençaient cette manœuvre autant de fois que cela était nécessaire pour mettre la noix à leur portée. Elles la mangeaient alors sans courir presque aucun danger, et voilà comment la coquille se vidait sans que les oiseaux se prissent. Les enfants remédièrent à la chose en attachant à la ficelle trois noix au lieu d'une; le poids, en effet, devint alors trop lourd pour qu'une mésange pût le soulever, et si l'un de ces oiseaux voulait goûter au fruit, il fallait qu'il s'exposât à tous les périls du piége.

Mais les collets avaient de graves inconvénients : beaucoup d'oiseaux se prenaient par le cou et s'étranglaient; ils étaient déjà morts lorsque les enfants arrivaient pour s'en emparer. Or, le but que se proposaient ceux-ci était, non de les tuer, mais de les faire prisonniers, pour les mettre dans leur volière et examiner de près leur joli plumage et leurs mœurs curieuses; malgré cela, ils n'auraient peut-être pas eu le courage de s'interdire euxmêmes ce genre de chasse; mais Mme Derville, voyant le grand nombre d'oiseaux qu'ils rapportaient morts ou mourants, le leur défendit.

— Je ne puis souffrir, leur dit-elle, que vous fassiez périr une telle quantité de ces pauvres petites bêtes innocentes ; c'est un amusement barbare, auquel j'aurais eu plaisir à vous voir renoncer de vous-mêmes. Mais, puisque vous n'avez pas eu cette bonne inspiration, je suis obligée de vous le défendre.

Marie était bien, au fond, de l'avis de sa mère, et il y avait longtemps qu'elle éprouvait des scrupules. Chaque fois qu'elle voyait un de ses captifs se débattre et expirer dans ses mains, elle ressentait quelque chose qui ressemblait beaucoup à un remords. Cependant, voulant s'excuser, elle dit à sa mère :

— Pourquoi, maman, dis-tu que les oiseaux sont des bêtes innocentes? J'ai souvent entendu papa se plaindre des ravages qu'ils faisaient dans ses récoltes, et quand, pendant l'été, je me promenais dans la campagne, je voyais une foule d'épouvantails que les paysans avaient placés dans leurs champs pour les préserver des rapines de tes protégés. Je t'ai vue, toi-même, prendre toute espèce de précautions pour défendre contre eux tes espaliers, tes arbres fruitiers. Ils ne sont donc pas aussi innocents que tu le prétends.

— Voilà, ce me semble, dit en souriant Mme Derville, un réquisitoire en règle. Je m'en vais tâcher d'y répondre.

— Oh! maman, je t'en prie, ne te moque pas de moi, dit Marie.

— Je ne me moque point, reprit Mme Derville. Tu as très-bien indiqué quelques-uns des griefs que l'homme peut alléguer contre les oiseaux. Il est certain que beaucoup d'espèces nous nuisent, soit dans la saison où l'on confie les semences à la terre, soit dans le temps où les grains approchent de la maturité. Quelques-uns, comme le bouvreuil, dévorent les boutons des arbres au moment où ils vont s'épanouir et nous privent des fruits qu'ils nous auraient donnés. D'autres mangent ou gâtent les raisins, les groseilles, les cerises, les figues, etc. Il y en a enfin qui, nés carnassiers, viennent jusque sous nos yeux enlever nos oiseaux domestiques, de petits canards, de jeunes dindons, etc. Le poisson de nos viviers, quoique caché sous les eaux, n'est pas toujours à l'abri de la serre de certains oiseaux de proie. Dans nos climats, l'orfraie, l'oie et le canard sauvages détruisent beaucoup de poissons. Dans d'autres contrées, le pélican, le cormoran, le cygne ravagent les lacs, les étangs, les rivières. Le martin-pêcheur, en mangeant des œufs de poisson et les petits poissons qui viennent à peine de naître, fait encore plus de mal.

Ainsi, cela est certain, les oiseaux causent du dommage à l'homme. Mais quoi! l'homme a-t-il seul le privilége de vivre? Les oiseaux ne sont-ils pas, tout aussi bien que lui, des créatures de Dieu? et si Dieu les a placés sur cette terre, il a voulu apparemment qu'ils s'y procurassent leur nourriture. En pourvoyant, chacun suivant son espèce, à leur subsistance, ils exercent le droit incontestable de toute créature vivante, celui de vivre. Il leur faut pour cela bien peu de chose, en comparaison de l'homme, cet effroyable consommateur. Ils ne sont pas sans cesse occupés, comme nous, à tourmenter, à tyranniser la nature entière pour satisfaire à leurs besoins ou à leur luxe. Ils ne se construisent ni palais ni maisons. Le tronc d'un arbre ou d'un vieux mur, la fente d'un rocher ou même le fond touffu d'un buisson suffisent à les abriter contre les intempéries des saisons. Ils ne fouillent pas les entrailles de la terre pour en arracher les métaux qui y sont enfouis et s'en forger des outils ou des armes meurtrières. Ils se contentent des armes et des instruments qu'ils ont reçus de la nature. Ils n'ont point d'abattoirs et ne sacrifient pas dans un seul jour des milliers de vies à leur vie. Quelques graines d'arbustes ou de plantes, des insectes, des baies apaisent la faim du plus grand nombre. Ils ne volent point à tel être sa laine, à tel autre ses plumes, à un troisième sa peau, pour s'en vêtir ou s'en parer. En faits d'habits et d'ornements, ils portent ceux que Dieu leur a donnés, et n'en cherchent point d'autres. Ils transgressent sans doute la loi de l'homme, loi arbitraire et partiale, faite contre eux, et qui ne les oblige point; mais ils suivent celle de Dieu, et c'est là, ma fille, la véritable innocence.

— Je comprends, maman, dit Marie; les oiseaux et, en général, toutes les bêtes à qui Dieu a accordé le bienfait de la vie ont le droit de se nourrir comme ils peuvent; mais l'homme a bien aussi le droit de défendre son bien, surtout quand il lui a coûté tant de peine et de travail.

— Je ne nie point ce droit, répondit Mme Derville, je voudrais seulement que l'homme l'exerçât avec douceur et bonté. Mais il s'agit de voir maintenant si les oiseaux ne rendent pas à l'homme des services qui l'indemnisent des dommages qu'ils lui causent.

— Quels services, dit Marie, peuvent rendre un pinson, un moineau?

— De très-grands, répondit Mme Derville, et je prétends te le démontrer tout à l'heure. Mais auparavant je veux savoir si tu te rappelles une conversation que j'ai eue un jour avec ton frère Léon sur l'utilité des fleurs.

— Oui, maman, dit la petite fille, je m'en souviens très-bien. Tu lui as fait voir que les fleurs qui ornent le séjour de l'homme et lui présentent un spectacle intéressant et varié l'arrachent, sans même qu'il s'en doute, aux idées sombres et tristes, et ont, sous ce rapport, un effet très-utile.

— Eh bien ! ma fille, reprit Mme Derville, tout ce que j'ai dit alors, à propos des fleurs, peut s'appliquer aux oiseaux ; car les oiseaux sont les fleurs du règne animal. Dans la création, les oiseaux et les fleurs représentent la grâce ; celles-ci, la grâce au repos, ceux-là la grâce, en mouvement. L'oiseau et la fleur sont éclos tous deux d'un sourire de Dieu ; car toutes les expressions de la physionomie divine sont fécondes. Les fleurs égayent le séjour de l'homme par leurs couleurs éclatantes et variées ; les oiseaux ont aussi leurs couleurs qui, quelquefois, l'emportent en vivacité sur celles des fleurs mêmes, et, en outre, ils ont leur chant qui, pendant le printemps et l'été, anime toute la nature. Quelle perte pour l'homme, si tout à coup ces petits musiciens de Dieu venaient à se taire, si la forêt, l'arbre, le buisson devenaient muets !... Te figures-tu la tristesse que ce silence répandrait sur la terre ?

— Oh ! oui, maman, répondit Marie, je pense qu'en effet les campagnes deviendraient bien tristes et bien mornes.

— Eh bien ! reprit Mme Derville, voilà une première utilité des oiseaux. Ils réjouissent l'homme et le distraient des sombres pensées que lui suggère sa condition malheureuse; mais ils en ont d'autres plus directes et plus évidentes. Les germes des plantes et, en général, de tous les végétaux sont si abondants que, s'ils se reproduisaient tous, ils se nuiraient réciproquement; ils se raviraient les uns aux autres les sucs nourriciers, l'air, la lumière, le soleil. Nous n'aurions plus que des arbres nains et des plantes rachitiques. Les oiseaux, en consommant un grand nombre de graines, maintiennent l'ordre établi et contiennent la fécondité de la nature dans de justes proportions.

Les oiseaux de proie nous rendent peut-être des services encore plus grands. Aidés en cela par les insectes, ils dévorent les corps morts dont la corruption infecterait l'air que nous respirons et nous causerait mille maladies mortelles. Il y en a qui purgent la terre des rats, des mulots, des taupes, etc. La cigogne détruit un nombre immense de reptiles; aussi cet oiseau est-il fort aimé et fort protégé dans les pays où les serpents sont nombreux, comme en Hollande et en Égypte. Enfin, pour ce qui est des petits oiseaux dont j'ai surtout voulu prendre la défense, ils détruisent une multitude infinie d'insectes; sans eux, ces insectes se multiplieraient d'une manière prodigieuse et causeraient à nos récoltes des dommages incalculables. En Prusse, à une certaine époque, un roi qui n'avait pas assez étudié l'histoire naturelle, proscrivit les moineaux et mit leur tête à prix dans toute l'étendue de son empire. On lui avait dit qu'un moineau mange par an un boisseau de blé, et il se réjouissait en pensant que l'extermination de ces oiseaux allait enrichir ses sujets. Mais il en fut tout autrement; à peine les moineaux eurent-ils disparu de ses États qu'une effroyable quantité d'insectes de toute espèce vint y prendre leur place. Les récoltes étaient rongées, dévorées dans leur germe. On avait payé pour se débarrasser des moineaux; il fallut payer pour les faire revenir.

— Et les mésanges? demanda Marie.

— Les mésanges, répondit Mme Derville, nous sont utiles comme les autres petits oiseaux. Au printemps, tu pourras les voir courir d'arbre en arbre, voltiger de branche en branche et s'arrêter un moment auprès de chaque bourgeon. Sais-tu ce qu'elles cherchent? des chenilles. Elles les mangent au moment où elles sortent de leurs nids et avant qu'elles n'aient eu le temps de commettre aucun dégât. Ainsi, tu le vois, tous ces petits oiseaux sont autant de serviteurs que Dieu a donnés à l'homme. Et que lui demandent-ils pour leur salaire? une petite partie de leur subsistance; assurément, ce n'est pas faire payer trop cher des services si importants. La petite dîme qu'ils prélèvent sur les récoltes de l'homme n'est rien en comparaison de ce qu'ils lui conservent.

— Tu as raison, maman, dit Marie ; aussi je n'en prendrai plus.

— Je ne vous défends pas d'en prendre, dit Mme Derville. Ceux que vous prenez, enfermés dans votre volière peuvent servir à votre instruction, et ce motif jutifie, jusqu'à un certain point, l'esclavage dans lequel vous les tenez. Mais arrangez-vous pour trouver des piéges qui les prennent sans les tuer et veillez avez soin à ce que vos prisonniers ne manquent de rien, afin que la perte de leur liberté soit au moins compensée, dans une certaine mesure, par le bien-être dont vous les ferez jouir.

Les enfants se conformèrent aux désirs de leur mère et, depuis cette conversation, ils n'employèrent plus de collets. Pierrot leur fabriqua des trappes, des gluaux, beaucoup d'autres piéges qui avaient l'avantage de n'être point meurtriers et qui n'en prenaient pas moins beaucoup d'oiseaux.

Mais que faisait Léon pendant ce temps-là ? Léon chassait en compagnie de François. M. Derville avait acheté un permis de chasse à ce dernier et il pouvait désormais se livrer à son goût favori, sans être troublé par la crainte des gendarmes ou du garde-champêtre. Le jeudi et le dimanche, ils passaient une partie de la journée dehors, soit dans la vallée, soit sur les collines environnantes. Outre Pilate, qui les suivait fidèlement dans toutes leurs expéditions, ils avaient un autre compagnon que mes lecteurs, j'en suis sûr, ne devineraient jamais. C'était le blaireau. Le loup avait été pendu par François; le renard, après avoir langui quelque temps, était mort, n'ayant pu s'accoutumer à la domesticité. Mais le blaireau s'était très-bien apprivoisé. Il avait pour François une affection particulière, et il le suivait partout, comme un chien. Il avait même appris à chasser et à rapporter à son maître le gibier qu'il avait pris. Lorsqu'il gelait, on le laissait à l'écurie; car le froid l'aurait rendu malade. Mais quand le temps était doux, ce qui arrive assez souvent dans le Béarn, même en hiver, on l'emmenait à la chasse et il s'y montrait beaucoup plus habile que Pilate. Je dois dire, en effet, que celui-ci, grâce à sa première éducation, s'entendait infiniment mieux à faire des tours qu'à suivre la piste d'un lièvre ou d'une perdrix. Il faisait ordinairement les choses tout de travers; ainsi, quand François lui faisait signe de chercher une piste, il se mettait au port d'armes, et, si on se fâchait contre lui, il se couchait sur le dos, et faisait le mort. François finissait, de guerre lasse, par rire de sa sottise et, haussant les épaules, il le laissait tranquille et ne lui demandait plus rien.

Le blaireau et lui formaient une paire d'amis. Ils étaient inséparables. Lorsqu'on voyait l'un, on pouvait parier, à coup sûr, que l'autre n'était pas loin. Ils mangeaient dans la même écuelle et jamais une querelle n'éclatait entre eux. Le chien couchait, la nuit, entre les pattes du blaireau et, quand par hasard, il négligeait de s'y mettre, l'autre paraissait mal à l'aise, et il ne s'endormait que lorsque son ami était venu prendre sa place. Ils étaient une preuve d'un fait connu et souvent constaté, à savoir, que des amitiés très-vives peuvent exister entre des êtres d'un caractère tout opposé. Rien n'était, en effet, plus contraire que celui de ces deux animaux. Autant l'un était grave, posé et taciturne, autant l'autre était vif, pétulant et communicatif. Souvent le chien importunait le blaireau par ses gaietés intempestives ; il aurait toujours voulu jouer ; il sautait au cou de son camarade ; il lui mordait les oreilles ; il gambadait autour de lui ; il ne respectait ni son sommeil ni ses méditations. Mais, de la part de cet ami, le blaireau supportait tout, sans donner jamais le moindre signe d'impatience.

Cependant, le temps de la chasse passa. Le printemps succéda à l'hiver, et, avec une nouvelle saison, arrivèrent, pour les enfants de M. Derville, de nouveaux amusements. Il fallut d'abord s'occuper du jardin, le bêcher, le fumer et y semer de nouvelles plantes. Il y avait, comme je l'ai dit, un cerisier ; mais il était sauvage, et les enfants ne connaissaient pas l'art de greffer les arbres. Ils durent recourir à la science du jardinier Antoine. Léon l'appela et lui fit connaître ce qu'ils désiraient.

— Volontiers, dit le bonhomme ; mais comment voulez-vous que je greffe votre cerisier ? Faut-il le greffer en *fente,* ou en *couronne,* ou en *sifflet,* ou en *écusson à la pousse,* ou à *emporte-pièce* ? Préférez-vous la greffe en *approche,* ou celle *en écusson à œil dormant ?*

— Ma foi, dit Léon, qui connaissait à peine les termes de cette longue énumération, je n'ai aucun motif de préférer une greffe à une autre ; au lieu de ces petits fruits âcres que porte l'arbre à présent, je veux qu'il produise de belles et bonnes cerises ; voilà tout, je suis indifférent au moyen et ne tiens qu'au résultat. Faites, Antoine, comme vous voudrez.

En ce cas, dit le jardinier, je vais greffer votre cerisier en fente, parce que nous sommes en mars et que, dans ce mois, cette sorte de greffe réussit, en général mieux que les autres.

Après avoir dit ces mots, Antoine prit sa serpe et coupa la tête du cerisier avec toutes les branches qu'elle portait. Il pratiqua ensuite, de chaque côté de la blessure, deux incisions longitudinales, allant de haut en bas. Cela fait, il enleva deux petites branches à un beau cerisier de Montmorency qui croissait auprès de là ; il en coupa la tête, ne laissant à chacune qu'une longueur de trois ou quatre pouces. Il tailla ensuite, en forme de coin, la plus grosse de leurs extrémités et inséra avec précaution chacun de ces bouts ainsi préparés dans une des incisions qu'il avait faites sur le sauvageon. C'est la partie la plus difficile de l'opération et Antoine y procéda avec une attention minutieuse. Il faut que l'écorce de la branche coïncide exactement, dans toutes ses parties, avec celle de l'arbre que l'on veut greffer. Si cette condition essentielle n'est pas bien remplie, les petites branches meurent et la greffe ne réussit pas. Lorsque Antoine eut exécuté tout cela de manière à se satisfaire, il prit de la mousse un peu humide, qu'il appliqua avec précaution, afin de ne rien déranger, sur chacune des greffes et il la maintint dans cette position en l'attachant à l'arbre par un lien de jonc. Il couvrit aussi la tête de l'arbre d'un petit morceau d'argile humide.

— Voilà qui est fait, dit-il ensuite. Voyez-vous, monsieur Léon, si mon ouvrage a été bien exécuté, voilà ce qui va arriver. La sève de l'arbre qui, au printemps et en été, est toujours en mouvement, comme le sang dans notre corps, s'insinuera dans l'écorce et dans le bois de ces petites branches. Elles pousseront; ces boutons que vous voyez sur leur écorce germeront et donneront naissance à des rameaux qui, à leur tour, deviendront des branches d'où sortiront d'autres rameaux et ainsi de suite. Ces deux petits morceaux de bois se développeront si bien, qu'avec le temps, ils couvriront peut-être tout votre jardin de leur ombre. Mais ce qu'il y a de singulier, c'est qu'ils produiront des cerises de Montmorency, comme l'arbre qui me les a fournis, bien qu'ils soient nourris par la sève d'un cerisier sauvage. Je vous avoue, monsieur Léon, que c'est une chose que je n'ai jamais pu comprendre.

— Ma foi, mon pauvre Antoine, dit Léon, ce n'est pas moi qui vous l'expliquerai.

— Vous êtes encore trop jeune, monsieur Léon, et vous n'avez pas eu le temps de l'apprendre. Mais j'imagine qu'il y a des savants qui doivent pouvoir expliquer cela.

— Ce n'est pas bien sûr, répondit Léon. Papa m'a souvent dit qu'il y avait dans la nature une foule de mystères que la science de l'homme ne parvenait pas à expliquer.

— C'est égal, monsieur Léon, vous qui lisez dans les livres, si vous apprenez quelque chose là-dessus, je vous serai bien obligé de m'en faire part.

— Vous pouvez y compter, Antoine, dit Léon.

— Après cette petite conversation, le bon jardinier retourna à ses plates-bandes et les enfants continuè-rent à nettoyer leur jardin et à le mettre en bon état. Ils s'occupèrent aussi de réparer leur bassin et leur jet d'eau que l'hiver avait un peu endom-magés. Pendant qu'il se livrait à ce dernier soin, une plante qui avait crû au milieu de leur pièce d'eau attira leur attention. Elle ne ressemblait à aucune de celles qu'ils avaient pu voir jusqu'alors. Elle ne portait point de fleurs; sa tige, roulée en spirale comme un tire-bouchon, reposait au fond de l'eau. Comme ils étaient occupés à examiner cette plante singulière, M. et Mme Derville arrivèrent.

— Viens donc voir, maman, s'écria Marie, la plante bizarre qui a poussé dans notre bassin.

Mme Derville s'approcha et, après avoir considéré quelque temps l'objet qu'on désignait à son at-tention :

— Mes enfants, dit-elle, ce que vous me mon-trez, c'est la valisneria, plante, en effet, très-singu-lière et assez rare. On ne la trouve guère qu'en Italie et dans le midi de la France. Elle n'a point de fleurs, en ce moment; mais elle en aura plus tard. Je vous engage à épier sa floraison, car elle donne lieu à un phenomène des plus curieux, qui, j'en suis sûre, excitera au plus haut degré votre intérêt. Elle pro-duit des fleurs femelles et des fleurs mâles; mais

ces fleurs croissent sur des tiges séparées. La tige
de la fleur mâle est assez courte, tandis que celle de
la fleur femelle est, au contraire, très-longue. A une
certaine époque, la fleur femelle déroule sa spirale
et vient flotter à la superficie de l'eau. La fleur
mâle voudrait bien la suivre dans ce voyage vers
l'air et la lumière ; mais, attachée à une tige trop
courte, elle ne le peut. Elle s'allonge, elle tend ses
anneaux de toute sa force; efforts inutiles. Elle ne
peut se dégager des liens qui la retiennent. Déses-
pérée, elle a enfin recours au seul moyen qui lui
reste, moyen terrible qui doit lui donner la mort.
Dans le violent désir de rejoindre sa compagne, elle
se mutile, elle brise sa tige et vient flotter à la surface de l'eau, à côté de sa fleur bien-aimée. Bientôt
après, la fleur femelle, devenue féconde, resserre
sa spirale et, revenue au sein des eaux, y dépose
sa postérité.

Ce n'est pas, continua Mme Derville, le seul phénomène que présente cette plante intéressante. Si
un jour vous l'enlevez de votre bassin pour la mettre dans un vase, voilà ce que vous observerez en
regardant avec attention. Je me sers des paroles de
Bernardin de Saint-Pierre qui a décrit ce fait singulier dans ses *Harmonies de la nature.*

« A la base des feuilles, dit-il, on remarque une
« masse de gelée bleuâtre qui, insensiblement, prend

« la forme de pyramides d'un beau rouge ; ces pyra-
« mides se sillonnent de cannelures, et, se déta-
« chant du sommet, se renversent tout autour et
« présentent, par leur épanouissement, de très-jo-
« lies fleurs, formées de rayons pourpres, jaunes et
« bleus. Peu à peu, chacune de ces fleurs sort de la
« cavité dans laquelle elle est contenue en partie et
« s'écarte à quelque distance de la plante, en y res-
« tant cependant attachée par un filet. On voit alors
« chacun des rayons dont ces fleurs sont composées
« se mouvoir d'un mouvement particulier, qui com-
« munique à l'eau un mouvement circulaire et pré-
« cipite, au centre de chacune d'elles, tous les petits
« corps qui flottent aux environs. Si l'on trouble par
« quelque secousse ces développements merveil-
« leux, sur-le-champ chaque filet se retire, tous les
« rayons se ferment et toutes les pyramides ren-
« trent dans leurs cavités ; car ces prétendues fleurs
« sont des polypes. »

Lorsque Mme Derville eut cessé de parler :

— Papa, dit Léon, explique-moi, je te prie, comment une greffe, quoique nourrie par la sève d'un
sauvageon, produit, cependant, des fruits tout différents.

— Tu m'en demandes, dit M. Derville, plus que
je n'en sais ; je ne crois même pas que les savants
qui s'occupent de physiologie végétale aient donné

de ce fait si merveilleux et si commun une explication satisfaisante.

Ce n'est pas, cependant, que les hypothèses manquent; mais ce ne sont que des hypothèses. On a dit, par exemple, que le bourrelet qui se forme au point où la greffe est insérée à l'arbre faisait l'office d'un filtre, et ne laissait passer que la partie de la sève qui convenait à la nature de la greffe. Si l'on trempe des bandes de papier imbibées par leur extrémité, l'une d'huile, l'autre de vin, et la troisième d'eau, dans un vase où l'on a mis un mélange de ces trois liqueurs chacune d'elles n'absorbera que l'espèce de liqueur dont elle aura été imbibée. On a comparé les canaux dans lesquels la sève des plantes circule à ces bandes de papier. Ainsi, d'après cette explication, les canaux de la greffe sépareraient les sucs de l'arbre sur lequel elle est placée, et n'admettraient que ceux qui lui sont propres. Tout cela est fort ingénieux, comme tu vois, mais on y a fait de fortes objections, et, en définitive, c'est une explication que les savants n'ont point admise.

— Mais, à propos, dit M. Derville, vous m'aviez promis de vous occuper d'histoire naturelle.

— Oui, papa, dit Léon, et toi tu nous avais promis un beau livre.

— Je me le rappelle fort bien, répondit M. Derville, et je suis tout prêt à remplir ma promesse, moyennant l'accomplissement de mes conditions. Voyons, avez-vous fait quelque découverte?

Les enfants restèrent interdits.

— Comment! dit M. Derville, vous n'avez rien vu, rien observé?

— J'ai bien fait, dit Léon, une observation qui m'a paru curieuse, mais je ne sais si tu la trouveras telle; j'ai bien peur, au contraire, que tu ne te moques de moi.

— Pourquoi me moquerais-je de toi? dit M. Derville. Je sais bien que tu n'es ni un Linnée, ni un Jussieu; allons, va, et quelle que soit ton observation, sois sûr que j'en écouterai le récit sérieusement, et même avec intérêt.

Léon, ainsi encouragé par son père, se décida à lui faire part de sa découverte.

— Il y a quelques jours, dit-il, je passais dans un chemin creux, lorsque je remarquai sur ses bords de petits trous, au nombre de quatre ou cinq, dont la forme était si régulière, que je ne pus les attribuer qu'à une cause intelligente; ils étaient creusés dans un sable fin, sous une grosse pierre qui s'avançait en dehors du talus et formait, par son prolongement, comme une espèce de petite grotte. L'endroit était, par conséquent, à l'abri de la pluie. Ces trous étaient circulaires et avaient tout à fait la forme d'un entonnoir. Il y en avait de grands et de petits; mais, autant que j'en pus juger à la simple vue, leur diamètre était toujours égal à leur profondeur. Je m'assis auprès, et je me mis à observer. En ce moment, une fourmi vint justement à passer sur les bords d'un des trous; je vis alors le sable fin s'ébouler sous son poids, pourtant bien léger, et elle tomba au fond du précipice. Très-effrayée par un danger dont je ne pouvais encore me rendre compte, mais que, sans doute, elle connaissait bien, elle se mit à remonter rapidement. Je fus alors témoin d'une chose singulière : le fond du trou s'agita, et une grêle de sable vint tomber sur l'insecte; la pauvre fourmi, étourdie, accablée par ce déluge de pierres, car, pour un petit animal comme elle, chaque grain de poussière est un moellon, coula de nouveau au fond de la fosse, où je la vis tout à coup disparaître sous le sable. Curieux de connaître l'animal, auteur d'une machine si ingénieuse, je donnai un coup de doigt dans la trappe et détruisis toute la construction; j'aperçus alors un insecte assez laid, d'une couleur de gris sale, marqueté de points noirs.

— Tu vois, dit M. Derville, que l'esprit ne paye pas toujours de mine. Eh bien, mon enfant, tu étais beaucoup trop modeste; ton observation, dont tu craignais que je ne me moquasse, est, au contraire, fort jolie. Je te dirai tout à l'heure ce que c'est que ton insecte ; mais auparavant, voyons si Marie n'a pas fait, elle aussi, quelque découverte.

— Oh ! papa, dit Marie, je me déclare vaincue d'avance. J'ai remarqué aussi quelque chose de curieux, qui m'a beaucoup amusée, mais je pense que cela vous intéressera beaucoup moins que ce que Léon vient de raconter.

— Voyons toujours, dit M. Derville, nous en jugerons après.

— J'étais, dit Marie, dans le jardin, et j'examinais une plante que je n'y avais pas encore vue, ou sur laquelle mon attention ne s'était pas portée jusqu'alors ; elle n'a, d'ailleurs, rien de bien extraordinaire, mais ses feuilles, enduites sur leur surface d'une matière sucrée, sont armées de pointes trèsaiguës, et c'était là précisément ce qui m'avait d'abord frappée. Pendant que j'étais occupée à la considérer, une mouche vint se poser sur une de ses feuilles, et, avec sa petite trompe, se mit à pomper la douce liqueur dont son espèce est si friande. Mais il se passa alors une chose curieuse : les bords opposés de la feuille se rapprochèrent subitement et ma pauvre mouche, victime de sa gourmandise, fut embrochée de toutes parts. J'avoue que la punition me parut excessive, comparée à la faute.

— Tu es bien indulgente envers les gourmands,

Marie, dit Léon ; sais-tu qu'on pourrait en tirer des conséquences fâcheuses ?

— Il n'y a que les esprits mal faits, riposta Marie, qui en tireront ces conséquences. Et puis, mon cher frère, j'imagine que, si une faute pareille à celle de ma mouche était toujours aussi cruellement punie, il y a longtemps que tu serais embroché.

Mme Derville ne laissa pas aller plus loin la lutte d'épigrammes qui s'était élevée entre les deux enfants ; elle y mit fin en prenant elle-même la parole.

— Je connais la plante dont tu viens de parler, dit-elle à Marie, mais j'ignorais qu'elle existât dans notre jardin. Il faut qu'Antoine s'en soit procuré quelque part un pied, à mon insu. C'est une plante exotique, originaire d'Amérique, mais qui vient très-bien dans nos climats, moyennant certaines précautions. On l'appelle *Dionæa muscipula*.

— Le mot *muscipula*, dit M. Derville, est une épithète qu'on lui a donnée pour la distinguer des autres dionées, car c'est une famille de plantes assez nombreuse ; ce mot signifie *preneuse de mouches*. Tu vois que son surnom provient précisément de l'étrange faculté que tu lui as découverte.

— Il y a, dit Mme Derville, une autre dionée qui prend aussi des mouches, mais par un autre procédé. Sa corolle est en tube ; lorsqu'une mouche vient y enfoncer sa trompe pour en sucer la liqueur

qui s'y trouve contenue, le tube se resserre subitement, et l'insecte est pris comme au lacet; c'est en
vain qu'il se débat pour se dégager du piége; la
fleur ne lâche pas sa proie, et il faut qu'il meure
dans cette position.

En vous décrivant la bizarre organisation des polypes, votre père, mes enfants, vous a montré que
certains animaux participent de la nature des
plantes. Vous voyez maintenant, par l'exemple de
ces dionées, qu'il y a des plantes qui se rapprochent
des animaux par certaines facultés, la sensibilité et
le mouvement. Vous connaissez tous la sensitive;
vous savez qu'au moindre attouchement ses feuilles
se contractent, se flétrissent, et que ce n'est qu'au
bout d'un certain temps qu'on les voit reprendre
leur première forme et leur première fraîcheur. On
prétend que, dans l'isthme de Panama, il y a un
arbuste à feuilles épineuses, dont les branches s'a-
baissent quand on passe auprès de lui, et semblent
vouloir saisir les voyageurs par leurs habits. Mais la
plante la plus singulière, sous ce rapport, c'est sans
contredit la *tremelle*. Elle croit en automne et au
printemps, le long des étangs, dans des fossés couverts de quelques pouces d'eau; elle ressemble à
une membrane gélatineuse, couverte de filets très-
rapprochés, qui se croisent entre eux; chacun de
ces filets a un mouvement d'oscillation indépen-

dant de toute circonstance extérieure, du froid, du chaud, du vent, et d'un contact étranger; ce mouvement résulte, par conséquent, de son organisation.

— C'est à cause de cela, dit M. Derville, qu'on l'appelle tremelle; ce mot, qui vient du latin, signifie tremblotante.

Eh bien, mes enfants, ajouta-t-il, je suis très-satisfait de vos débuts dans l'art d'observer la nature; vous avez fait, chacun, une découverte intéressante, et je ne sais vraiment à qui je dois décerner le prix. Mais il faut voir auparavant si Jules et Camille n'ont pas, de leur côté, quelque chose à nous communiquer; voyons, Jules, as-tu fait quelques observation?

L'enfant garda le silence,

— Et toi, Camille? demanda M. Derville.

La petite fille se tut comme son jeune frère.

— Allons, dit alors M. Derville, il paraît que vous n'avez pas été aussi heureux que Marie et Léon. J'espère qu'une autre fois les circonstances vous serviront mieux. Mais il faut savoir regarder; si vous n'apprenez ce grand art, les plus beaux phénomènes de la création pourront se passer sous vos yeux sans que vous en voyiez aucun.

Sais-tu, Léon, ce que c'est que l'insecte dont tu nous as décrit les mœurs si curieuses? C'est le *for-*

mica-leo ou, pour l'appeler par son nom français, le fourmi-lion. Il t'a paru très-laid et, en effet, il n'est pas beau. Mais il ne doit pas rester dans l'état où tu l'as vu ; il est destiné à subir une brillante métamorphose, après laquelle il apparaîtra sous la forme élégante d'un de ces insectes ailés que les savants appellent *libellules,* mais que les paysans désignent sous un nom plus gracieux et plus joli, celui de demoiselles.

— Comment cela ? papa, s'écrièrent les enfants étonnés.

— Tous les insectes, dit M. Derville, peuvent se ranger en deux classes, ceux qui ont des ailes et ceux qui en sont dépourvus. Parmi les insectes ailés, on distingue les scarabées, les papillons et les mouches. Celles-ci ont des ailes sur lesquelles il n'y a point de poussière et dont la matière ressemble à une gaze transparente. Ces deux signes empêchent qu'on ne les confonde avec les papillons, dont les ailes sont couvertes d'une poudre blanchâtre qui ne laisse point passer la lumière. Enfin, les ailes des mouches et des papillons ne sont enfermées sous aucune enveloppe, et c'est ce qui les distingue des scarabées.

Chacun de vous a pu voir de près un hanneton. Vous avez dû remarquer que les ailes de cet insecte, lorsqu'il ne vole pas, sont cachées chacune sous une sorte de cuirasse de matière cornée assez dure.

— Oui papa, dirent les enfants. Rien n'est plus facile à observer.

— Eh bien, reprit M. Derville, le hanneton est un scarabée. Mais avez-vous bien compris ce que je viens de vous dire, et pourriez-vous distinguer maintenant, à première vue, une mouche d'avec un scarabée, et un scarabée d'avec un papillon?

— Oui, papa, dirent-ils.

— En ce cas, je poursuis, continua M. Derville.

Un grand nombre d'insectes, même parmi ceux qui n'ont point d'ailes, subissent des transformations avant d'arriver à leur état parfait; j'appelle ainsi l'état définitif pendant lequel ils peuvent se perpétuer. Ton fourmi-lion ne pondra pas d'œufs, Léon, tant qu'il restera sous la forme où tu l'as vu; il ne propagera pas son espèce. Il ne pourra le faire que lorsqu'il sera devenu demoiselle; c'est là son état parfait.

La série des changements par lesquels passent certains insectes sans ailes ne paraît pas complète. On dirait qu'ils s'arrêtent en chemin; ils n'arrivont jamais à avoir des ailes; c'est pourquoi on appelle leurs transformations demi-métamorphoses. Telle est la puce, par exemple, qui, au sortir de l'œuf, apparaît sous la forme d'un petit ver; ce ver s'enferme dans une petite coque de soie et, au bout d'un certain temps, il en sort sous forme de puce.

C'est parmi les insectes ailés, et surtout parmi les papillons et les mouches, qu'on voit les plus complètes et les plus curieuses métamorphoses. Je reviens, Léon, à ton fourmi-lion. Lorsqu'il est arrivé à l'âge où il doit changer de forme, il ne creuse plus de fosse ; il se met à tracer des sillons dans la poussière, en ziz-zag, ou du moins sans direction déterminée. Il ne se donne tout ce mouvement que pour se mettre en sueur. Il s'enfonce alors sous le sable, dont les grains, par l'effet même de la sueur dont il est tout couvert, s'attachent à son corps et forment une croûte dans laquelle il est enfermé tout entier. Il n'y est pas néanmoins tellement serré qu'il ne puisse s'y mouvoir aisément. Pour empêcher que les grains de sable ne tombent et ne le laissent tout nu, ce qui ne manquerait pas d'arriver, dès que ces grains seraient secs, il les lie les uns aux autres par des fils de soie qu'il file comme l'araignée, et qu'il entrelace les uns dans les autres. Il tapisse ensuite tout l'intérieur de son nouvel appartement avec un tissu de la plus fine et de la plus belle étoffe de soie. Lyon ne fabrique pas d'aussi doux satin, et le grand roi Salomon, dans toute sa gloire, n'avait pas un palais tendu avec tant de magnificence. Mais le petit sybarite réserve tout son luxe pour l'intérieur de sa demeure ; il n'en paraît rien au dehors. L'œil, même averti, n'aper-

çoit qu'une boule à surface raboteuse, dont la couleur terne se confond avec celle du sable qui l'en-
toure. C'est que notre insecte est aussi prudent
qu'industrieux. Il sait qu'un grand nombre d'ennemis le recherchent, et qu'une retraite dont l'extérieur serait trop brillant pourrait attirer leurs
regards et le trahir. Il se cache donc sous des
dehors obscurs. Semblable à ces riches commer-
çants de l'Orient, sans cesse menacés par la cupi-
dité d'un pacha, il dissimule son opulence sous les
apparences de la misère. Sacrifiant la vanité à la
sécurité, il se contente de jouir, sans vouloir encore
qu'on le sache, et se montre en cela plus raisonnable que beaucoup d'entre nous autres hommes,
qui pourtant nous attribuons le privilége exclusif
de la raison.

Le fourmi-lion reste dans cette demeure somp-
tueuse environ deux mois. Après ce temps, il se dé-
pouille de sa peau. Dans cette opération, il perd ses
yeux, ses poils, ses pattes et ses cornes ou antennes ;
il devient nympho : c'est son second état. Nymphe
est un mot d'origine grecque qui a quelquefois la
signification de *jeune mariée*. Il indique que les insectes sous cette forme se préparent à célébrer leur
mariage et prennent leurs atours de noces. Le fourmi-lion, à l'état de nymphe, est couvert tout entier
d'une enveloppe très-fine, transparente, au travers

de laquelle on peut déjà distinguer les organes qui, bientôt, vont faire de lui un être entièrement nouveau. Il a six pattes, deux antennes, deux yeux noirs, deux tenailles en forme de scie, et il est, en outre, pourvu de quatre ailes ; tout cela serré, comprimé dans un fourreau étroit. L'insecte, en cet état, ressemble à un enfant au maillot.

Lorsqu'enfin le temps est venu où, comme un acteur qui change de rôle, il doit apparaître avec son nouveau costume sur la scène du monde, il déchire avec ses dents la tapisserie dont sa loge est garnie, perce la muraille de sable qui jusque-là l'a abrité, et sort ; il agite ses ailes et s'envole. Quelle métamorphose ! Ce n'est plus ce chétif et misérable insecte rampant dans le sable, réduit à s'y enterrer pour vivre, et dont la laideur, Léon, t'a frappé. C'est un des êtres les plus gracieux de la nature, une brillante mouche volant partout où son caprice l'emporte, dédaignant la terre et ne voulant vivre désormais que dans le royaume de la lumière et du soleil. Lorsque cette mouche est devenue féconde, elle va pondre ses œufs un à un dans un terrain sablonneux.

De chacun de ces œufs sort, dans le temps fixé, un fourmi-lion qui, dès qu'il est né, se creuse une fosse et est destiné à passer par les mêmes métamorphoses.

Ainsi, mes enfants, les mouches, quelles qu'elles soient, subissent trois changements. Elles sortent d'un œuf et sont d'abord des vers. On dit que le ver est la larve de la mouche; ce mot larve signifie masque, et indique que c'est un faux costume sous lequel l'insecte se dissimule. Elles prennent ensuite la forme de nymphes. Je vous ai expliqué ce que signifiait ce mot; c'est un état mitoyen, le crépuscule de la vie passée, l'aube de la vie à venir, une sorte de demi-mort pendant laquelle l'insecte attend et prépare sa brillante résurrection. Tant que dure cette existence obscure et équivoque, la mouche ne prend aucune nourriture, et, à moins qu'on ne la touche, reste dans une immobilité absolue. Mais, sous cette apparence d'insensibilité et de mort, un travail de vie très-actif s'opère. Une transformation merveilleuse s'accomplit silencieusement, et bientôt l'insecte, pourvu d'organes nouveaux, peut passer à des destinées pour lesquelles il ne semblait pas né. Il devient mouche, et c'est son dernier état.

Je vous étonnerais bien, mes enfants, si je vous faisais la description anatomique d'une mouche. Il y a là de quoi exciter la plus vive admiration; je me contenterai de vous parler des yeux de cet insecte. Ils ressemblent à des miroirs à facettes; on croit que chacune de ces facettes est un œil tout entier. Or, voulez-vous savoir de combien de fa-

cettes se compose un de ces yeux ? Un savant naturalistes en a compté huit mille. Ainsi une mouche
n'aurait pas moins de seize mille yeux. Et pourquoi
une telle profusion de la part de la nature ? Parce
que, les yeux des mouches n'étant pas mobiles
comme ceux des grands animaux, il a fallu compenser ce désavantage par le nombre et par la position. Dieu ne veut pas que la plus humble de ses
créatures ait à se plaindre de lui, et, lorsqu'il en
prive quelqu'une d'un avantage, il trouve toujours
moyen de l'en dédommager. C'est peut-être dans
l'organisation des plus petits animaux qu'éclatent le mieux sa sagesse et sa bonté. Outre tous ces
yeux, la plupart des mouches en ont encore trois
autres placés sur la tête, entre le crâne et le cou ;
mais ces derniers yeux ne sont point à facettes.

Une chose bien étonnante aussi, ce sont les lieux
que choisissent certaines mouches pour y déposer
leurs œufs. Il y en a une, de la famille des ichneumones, qui les place dans le corps d'un ver ou d'une
chenille. A cet effet, elle est armée à la queue d'une
tarière que je ne puis vous décrire, mais qui est
une merveille d'invention. Au moyen de cet instrument, elle fait un trou dans le corps de la chenille ou du ver, et y fait couler un œuf. Le ver qui
doit en sortir ne peut désirer un meilleur abri que
celui que la prévoyance maternelle lui a ménagé.

Il y est chaudement d'abord, et puis il trouve à sa portée une abondante nourriture ; car il se nourrit de la chair même de la chenille ou du ver dans le corps duquel il est logé.

Une autre mouche va pondre dans la gorge du cerf. Il y a là des glandes dont la salivation doit nourrir les vers qui naîtront de ces œufs. Elle prend son temps et entre dans le nez de l'animal ; et, bien qu'il y ait plusieurs routes, elle suit sans se tromper celle qui doit la conduire au but de son voyage. Lorsqu'elle y est arrivée, elle pond ; puis, reprenant le chemin par où elle est venue, elle sort et s'envole. Les vers qui naissent de ces œufs vivent quelque temps dans cet étrange asile ; quand ils sont parvenus à un certain âge, ils sortent par le nez du cerf, puis, se laissant tomber à terre, ils se cachent dans quelque trou ou sous une pierre. Là, ils se changent en nymphes.

Vous n'êtes pas, je pense, sans avoir vu quelquefois une de ces petites boules qui croissent sur les feuilles du chêne, et qui, vertes d'abord, deviennent jaunes en vieillissant : on appelle ces excroissances *galles*, et elles sont dues à la piqûre d'une mouche. Elles contiennent un ou plusieurs œufs, qui se développent rapidement et donnent naissance à des vers qui trouvent là, à la fois, le vivre et le couvert. Ils y subissent leurs métamorphoses et, perçant le

toit qui les a protégés jusqu'alors, ils s'échappent
sous forme de mouches. Mais voilà ce qui arrive
très-souvent : une autre mouche, qui est carnas-
sière et produit des vers carnassiers comme elle,
perce la galle et y dépose aussi ses œufs ; les vers
qui en sortent dévorent ceux de la première ; ainsi
les précautions que celle-ci a prises pour mettre sa
postérité à l'abri de toute atteinte sont rendues inutiles. Il croît des galles sur tous les arbres et sur
toutes les plantes ; il y en a de grosses comme une
petite pomme, et d'autres qui sont presque imper-
ceptibles.

Si un jour, Marie, tu vois l'extrémité des branches
de tes rosiers devenir noires et se flétrir d'un côté
seulement, tu peux être sûre qu'il y a une mouche
là-dessous. Quelques-unes, en effet, font des en-
tailles dans les jeunes branches des arbres, et particulièrement dans celles des rosiers, pour y déposer
leurs œufs. La nature les a pourvus d'une scie, ou
plutôt de deux scies, de structure merveilleuse. Ces
scies, placées au derrière de la mouche, glissent
dans une rainure composée de deux pièces de substances écailleuse. Elles sont munies de dents, et ces
dents elles-mêmes sont armées de pointes aiguës
et tranchantes. D'autres pointes garnissent toute la
surface des lames, de sorte que ce terrible instrument réunit trois des nôtres : le tranchant scie, la

surface lime, la pointe perce. Ce n'est pas tout : le jeu des scies est tel, que quand l'une va en avant, l'autre revient en arrière, et, par conséquent, le travail avance doublement. Quelle admirable industrie la nature déploie dans ses ouvrages! Et remarquez, mes enfants, que toutes les pièces dont se compose cette ingénieuse mécanique sont si fines, qu'on ne peut les distinguer qu'avec la loupe. Vous pouvez juger de la délicatesse de la main qui a su les fabriquer. Notre art est bien grossier en comparaison de celui-là.

Cette mouche ne dépose qu'un œuf dans chaque entaille; le ver qui en sort, et qu'on a confondu à tort avec les chenilles, se nourrit de pucerons et d'autres petits insectes qui se plaisent sur les rosiers.

— Mais, dit Léon, cette mouche à scie se nourrit-elle de pucerons?

— Non, dit M. Derville.

— Celle qui dépose ses œufs dans la gorge du cerf, continua le jeune garçon, fait-elle sa nourriture de la salive des glandes de cet animal?

— Non, certainement, répondit M. Derville.

— Celle qui perce le corps des chenilles pour y introduire ses œufs, persista l'enfant, mange-t-elle ces insectes?

— Non, répondit M. Derville.

— Mais alors, papa, dit Léon, aucune de ces mouches n'a et ne peut connaître les goûts de sa postérité. Comment se fait-il cependant que chacune d'elles dépose ses œufs précisément dans les endroits où les vers qui en naîtront doivent trouver les aliments les mieux appropriés aux besoins de leur nature? C'est là assurément une chose bien extraordinaire.

— Très-extraordinaire, en effet, dit M. Derville. Mais c'est encore là un de ces mystères dont la nature s'est réservé le secret. Ce qu'il y a de certain, c'est que tous les insectes à métamorphoses prévoient les besoins des êtres qui doivent naître d'eux, bien que nous ne puissions nous expliquer comment ils les connaissent, et bien que ces besoins n'aient rien de commun avec ceux de leur propre nature.

M. Derville se tut et ne parut pas vouloir en dire davantage, ce jour-là; mais Marie, qui prenait le plus grand intérêt à l'explication de tous ces faits merveilleux, se hâta, pour lui faire reprendre la parole, de lui adresser une question.

— Et le papillon, papa? demanda-t-elle.

M. Derville sourit et se prêta de bonne grâce aux désirs de la petite fille.

— Les papillons, dit-il, passent aussi par trois états. Ils sortent de l'œuf sous forme de chenilles;

ils s'enferment ensuite dans une coque de soie et deviennent *chrysalides;* enfin, une troisième métamorphose nous les fait voir sous la figure de papillons. Il ne faut pas confondre le mot chrysalide avec celui de nymphe; car les choses qu'ils expriment diffèrent à certains égards. La nymphe n'est recouverte que d'une pellicule très-mince à travers laquelle on peut apercevoir l'insecte en voie de se transformer. La chrysalide a deux enveloppes : l'une, intérieure, légère et transparente comme celle de la nymphe; l'autre, extérieure, opaque et assez dure. L'insecte, à l'état de chrysalide, est, pour cette raison, beaucoup moins facile à observer que celui qui est à l'état de nymphe. Les vers se métamorphosent en nymphes et les chenilles en chrysalides. Ce dernier mot a une origine grecque et signifie *doré;* c'est qu'en effet l'enveloppe qui renferme l'insecte sous cette forme a souvent une très-belle couleur d'or.

Lorsque la chenille est sur le point de subir cette métamorphose, elle se prépare une retraite sûre, et c'est alors surtout que brille son industrie. Les unes se filent des coques qu'elles suspendent aux branches des arbres, et dans lesquelles elles se renferment. Vous connaissez tous le cocon de la chenille du mûrier, improprement appelé ver à soie. Les autres se suspendent par leur partie postérieure. Il y en a qui se font une ceinture et se lient aux arbres par le milieu du corps. Quelques-unes, enfin, moins ingénieuses, se contentent de se cacher dans quelque trou. Mais elles ne laissent pas cependant de déployer un certain art; elles humectent la terre et la foulent, pour rendre la surface de la petite grotte douce et polie. Elles soutiennent les voûtes avec des fils de soie; elles s'enfoncent toujours assez profondément sous le sol pour n'être point incommodées par la gelée.

Les coques des chenilles varient de forme, suivant les espèces. Il y en a qui ont la figure d'un œuf, d'autres qui ressemblent à un bateau ou à une nasse ou à une hotte. Une des plus curieuses est celle d'une chenille qui vit en société sur les haies. L'insecte fait entrer dans la composition de sa coque trois sortes de matière : de la soie, du poil qu'elle s'arrache à elle-même, et une espèce de gomme qu'elle tire de son corps. Cette coque est si dure qu'elle résiste au plus fort dissolvant pendant plusieurs mois, et si compacte que l'air n'y saurait pénétrer. Comment, dès lors, la chrysalide y pourra-t-elle respirer ? La chenille, en la fabricant, a pris la précaution d'y laisser deux trous qui donnent un libre accès à l'air extérieur. Mais comment le papillon, lorsqu'il voudra sortir, pourra-t-il percer une enveloppe aussi solide ? La chenille y a encore pourvu en construisant sa coque. Vis-à-vis l'endroit où doit

être placée la tête du papillon, elle n'as mis qu'une
calotte légère simplement collée avec de la gomme,
et qui est destinée à jouer comme le couvercle d'une
boîte à charnière. Lorsque le papillon veut sortir,
il n'a, pour aisi dire, qu'à frapper à la porte pour
qu'aussitôt elle s'ouvre devant lui.

La structure des coques en nasse révèle aussi
une prévoyance bien extraordinaire. Elles sont co-
niques ; l'extrémité aiguë du cône est terminée par
des bouts de fil qui se rapprochent par leur pointe et
qui forment comme autant de chevaux de frise.
Cette barricade a pour but d'écarter l'ennemi qui
voudrait pénétrer dans la place ; le papillon y est
donc en sûreté. Lorsque le moment de quitter cette
retraite est arrivé, il se glisse entre les fils qui, n'é-
tant pas collés les uns contre les autres, s'écartent
et lui livrent passage. Cette coque ressemble assez,
comme on voit, à une nasse de pêcheur ; seulement,
dans une nasse, la pointe de l'entonnoir est dirigée
en dedans, tandis qu'ici elle est tournée vers le
dehors. C'est que le pêcheur et la chenille se propo-
sent des buts opposés. Celui-ci veut laisser entrer le
poisson, puis le retenir ; l'autre veut éloigner les
insectes suspects et laisser sortir le papillon. L'ouvrage de chacun d'eux est merveilleusement appro-
prié à sa destination.

La chrysalide qui est renfermée dans cette coque

et qui y reste quelquefois deux ans donne naissance à un très-grand et très-beau papillon qu'on appelle *grand paon*. On le voit assez rarement, parce qu'il ne se promène que la nuit.

Nous en resterons là pour aujourd'hui, mes enfants, dit M. Derville. Je n'en finirais pas, si je voulais entamer le chapitre si curieux des mœurs et de l'instinct des divers insectes. Je trouverai sans doute l'occasion de vous en parler quelque jour avec un certain détail. Je ne puis, cependant, puisque nous en sommes à l'article des métamorphoses, négliger de vous dire un mot de celle de la grenouille. Cet amphibie provient d'un œuf; il a d'abord la forme d'un têtard. Les fossés bourbeux sont, en été, remplis de ces animaux, qui sont de couleur noirâtre et d'apparence informe; ils n'offrent aux yeux qu'une grosse tête suivie d'une longue queue. Vous avez dû en voir bien souvent.

— Oui, papa, dit Léon; mais je ne savais pas qu'ils dussent se transformer en grenouilles.

— Cela est pourtant ainsi, reprit M. Derville. Cette grosse boule que l'on prend pour la tête du têtard est son corps tout entier. Elle forme comme un sac dans lequel sont enfermés, à l'état de germe imperceptible, tous les organes de la grenouille future. Deux mois environ après que le têtard est éclos, on peut déjà distinguer des pattes qui se

meuvent sous l'enveloppe qui les recouvre. Celles
de derrière apparaissent d'abord; elles sortent
aussi les premières; elles sont placées à l'extrémité
inférieure du corps du têtard, de chaque côté de la
queue. Les pattes antérieures se dégagent ensuite
de leur fourreau. En même temps, le dos du têtard
qui, comme tout le reste, était d'abord mou et sans
consistance, se durcit et devient cartilagineux. On
a bientôt sous les yeux une vraie grenouille; seulement l'animal transformé conserve encore quelque
chose de son premier état; c'est la queue. Au bout
d'un certain temps, cette queue, devenue inutile, se
dessèche et tombe d'elle-même.

— Maintenant, ma chère amie, dit M. Derville en
s'adressant à sa femme, à qui pensez-vous que je
doive accorder la récompense que j'ai promise? A
Léon ou à Marie? Le cas ne laisse pas d'être embar-
rassant.

— Il me semble, dit Mme Derville, que la découverte de Léon suppose un peu plus d'observation.
A ce titre, je crois que le prix lui est dû; mais je me
propose de mon côté de récompenser Marie. Je lui
donnerai un livre sur lequel sont représentées par
des dessins très-bien faits les plus belles espèces
de papillons.

— Oh! maman, que tu es bonne! s'écria Marie
en embrassant sa mère.

— Nous voilà donc d'accord, dit alors M. Derville. Léon, tu auras ton livre. A présent, mes enfants, il faut rentrer à la maison.

VIII

Comme à peu près tous les enfants, nos jeunes campagnards aimaient instinctivement l'histoire naturelle. Il est probable, cependant, qu'on les eût rebutés, si on leur eût présenté la science avec ce cortége de termes barbares qui l'accompagne toujours dans les livres. Mais les conversations de leurs parents, soigneusement débarrassées de tout attirail pédantesque, excitèrent au contraire leur goût à un tel point qu'en peu de temps il dégénéra en passion véritable ; ils firent par eux-mêmes quelques découvertes intéressantes, et ces premiers succès contribuèrent aussi à les encourager. Par un effet naturel de la différence de leurs instincts, chacun d'eux s'était attaché à un objet différent. Léon s'occupait plus particulièrement des scarabées ; Marie, des plantes. Jules collectionnait des œufs d'oiseaux et Camille des papillons. Toutefois, le domaine que chacun d'eux exploitait n'était pas tellement déterminé qu'ils n'empiétassent souvent les uns sur les autres. Notre ami Pierrot qui, lui, n'avait pas de préférence, mais qui était toujours animé du désir de se rendre agréable à ses jeunes maîtres, leur était, à tous, d'une grande utilité. Trouvait-il une plante, un insecte, qui lui paraissaient curieux, il les ramassait et les apportait, soit à Marie, soit à Léon. Il prenait aussi des papillons qu'il donnait à Camille, et des œufs d'oiseaux qu'il venait offrir à Jules. Il avait parmi les petits paysans des environs un grand nombre de connaissances. Sûr qu'à Coarraz on ferait honneur à son engagement, il leur promit une petite récompense, s'ils voulaient chercher de leur côté et lui apporter ce qu'ils trouveraient, et, comme ils se montrèrent très-disposés à faire ce qu'il leur demandait, il leur donna ses instructions pour les diriger dans leurs recherches. Malgré ces précautions, les petits paysans apportaient souvent des choses inutiles ; mais on en faisait le triage, et, dans le nombre il y en avait toujours quelques-unes dont nos enfants pouvaient faire leur profit.

On s'étonnera peut-être que Jules pût conserver des œufs ; sa méthode était fort simple. Il les vidait premièrement, et voici la manière dont il s'y prenait. A l'aide d'une épingle, il faisait un petit trou à chacune des extrémités de l'œuf, puis, soufflant avec une certaine force dans l'un des trous, il faisait sortir par l'autre tout ce qui se trouvait contenu dans l'œuf.

Lorsque les œufs sont frais, cette opération réussit très-aisément. Quelquefois, il ne faisait qu'un trou, il y appliquait ses lèvres et, aspirant fortement, il attirait le liquide dans sa bouche, et l'avalait très-bien. Les œufs des petits oiseaux, frais et nouveau pondus, sont, même crus, très-bons à manger. Quel que fût le moyen qu'il employât, le résultat était le même ; il ne lui restait entre les mains qu'une coquille qu'il pouvait conserver indéfiniment.

La couleur des œufs, comme on sait, varie suivant l'espèce des oiseaux auxquels ils appartiennent ; le fond est blanc, en général, quelquefois légèrement teinté de bleu, de vert, de gris, etc. Sur ce fond sont semées de nombreuses taches, différentes de forme et de couleur. Il y en a de grises, de cendrées, de brunes, de rouges, de noires, de bleues, de vertes. Elles sont ordinairement plus larges vers le gros bout, et plus serrées les unes contre les autres. Il y en a aussi davantage. Les œufs de certains oiseaux sont extrêmement jolis par la délicatesse de leurs dessins ; aussi la collection de Jules était-elle une chose charmante à voir.

Ce qui en rendait l'aspect encore plus agréable,

c'est qu'il avait soin de laisser, autant que possible, les œufs dans leurs nids. Les nids des oiseaux sont, de petits chefs-d'œuvre d'architecture. Les dehors sont à la vérité négligés et formés de matières assez grossières. Des épines, des joncs, de gros foin, de la mousse, voilà ce qui les compose; mais ce n'est là, pour ainsi dire, que la carcasse du nid, et il suffit qu'elle soit solide. L'art et le luxe seraient ici superflus. Tous les soins de l'oiseau sont réservés pour l'intérieur. Il le garnit de duvet qu'il dérobe aux plantes, de plumes qu'ils s'arrache quelquefois à lui-même, de brins de laine qu'il va enlever aux buissons où les brebis en passant les ont laissés. En créant l'épine, Dieu a pensé au nid du petit oiseau. Les petits doivent naître nus, frissonnants, et les parents le savent. Le contact d'un corps dur pourrait blesser leur chair si délicate ; celui d'un corps froid pourrait leur causer des maladies. Il faut donc que l'oiseau, dans sa tendre prévoyance, tapisse la couchette qui doit les recevoir, au sortir de l'œuf, avec les matières les plus moelleuses et les plus chaudes. Le père et la mère se partagent ce doux travail ; c'est ordinairement le premier qui va chercher les matériaux et qui les apporte et c'est la seconde qui les met en œuvre et les arrange. Pour tout instrument elle n'a que son bec ; mais l'amour maternel, qui précède ici la naissance des enfants,

la rend ingénieuse et inventive. Ce petit bec suffit
à tout ; il maçonne, il carde, il tisse ; l'oiseau fabrique des fils, à l'aide desquels il lie et entrelace les
différents objets qui entrent dans la construction
du fragile édifice. De peur que ces objets, si légers,
ne s'envolent au moindre souffle d'air, il les foule
avec son corps pour leur donner une certaine co-
hésion, ou bien il les écarte pour faire prendre au
nid une forme convenable. La dimension en est
toujours proportionnée à la taille de l'oiseau et au
nombre d'œufs qu'il doit contenir. C'est ainsi qu'avec
son bec, avec son pauvre petit corps, il arrive à faire
une merveille d'industrie. Un nid éveille toujours
dans l'âme des idées de tendresse, de grâce, de tranquillité, de paix ; il rend présente à l'esprit, et,
pour ainsi dire, visible, l'infinie bonté de Dieu.

C'est dans l'endroit où l'oiseau l'a placé, sur la
branche d'arbre, dans la mousse, dans l'intérieur
du buisson qu'il faut surtout le regarder ; il est là
dans son milieu harmonieux. Mais, quoique privée
de cet avantage, la collection de Jules n'en était pas
moins une chose très-agréable. Il l'avait placée sur
des tablettes qu'il avait fait faire exprès et qu'il
avait payées de son argent. Au-dessous de chaque
espèce de nid ou d'œufs, il avait inscrit le nom de
l'oiseau auquel ils appartenaient.

Sa petite sœur Camille, ainsi que je l'ai dit s'occupait de papillons ; Mme Derville lui avait fabriqué un filet en gaze verte, et l'enfant ne sortait jamais sans s'être munie de son instrument. Lorsqu'elle voyait un papillon, elle le suivait dans son vol capricieux et, dès qu'il se posait sur une fleur, s'approchant doucement, elle abaissait dessus son filet et faisait l'insecte prisonnier. Elle manquait souvent son coup, comme on le pense bien, mais elle réussissait aussi quelquefois. Elle acquit d'ailleurs, en s'exerçant, beaucoup d'adresse dans ce genre de chasse et, au bout de peu de temps, sa main et son coup d'œil devinrent si sûrs qu'elle attrapait presque tous les papillons qu'elle désirait avoir. Dès qu'elle en avait pris un, elle lui enfonçait une épingle au milieu du dos, et l'attachait sur son chapeau de paille. Aussitôt qu'elle rentrait à la maison, elle enlevait de dessus son chapeau tous ceux qu'elle avait attrapés et les piquait sur un grand tableau en bois blanc placé dans sa chambre et affecté à cette destination. Elle avait grand soin, en les touchant, de ne pas enlever la poussière qui est répandue sur leurs ailes, et qui en fait presque toute la beauté. Elle les plaçait sur son tableau par rang de taille ; les plus grands occupaient la partie supérieure, puis venaient les moyens, et enfin les petits. Il y en avait de toute couleur et de toute nuance. L'ensemble offrait un aspect charmant.

Le filet n'était pas, pour Camille, le seul moyen de se procurer des papillons. Lorsqu'elle voyait une belle chenille, elle s'en emparait en enlevant la plante sur laquelle elle avait trouvé l'insecte et renfermait le tout dans sa boîte ; la boîte était à jour, percée de trous nombreux afin que l'air y pût circuler librement. La chenille à laquelle la petite fille avait soin de fournir une abondante nourriture vivait là, s'y changeait en chrysalide et, au temps marqué, la chrysalide s'ouvrant, il en sortait un beau papillon dont l'enfant enrichissait son tableau. Pour abréger les délais, que son impatience trouvait naturellement très-longs, elle ramassait aussi toutes les chrysalides qu'elle pouvait trouver, et, les plaçant dans des boîtes, elle attendait l'époque de la métamorphose.

La petite fille, en les ramassant, prenait de grandes précautions, pour éviter de les blesser ; car elle savait que la résurrection de l'insecte n'aurait pas lieu si la chrysalide avait été pressée un peu trop fort, ou si quelque déchirure s'était faite dans son enveloppe. Elle avait soin, en outre, de placer chaque chrysalide dans le milieu qui lui convenait le mieux. Ainsi, elle mettait dans la terre celles qu'elle avait trouvées dans la terre. Si elle en voyait quelqu'une suspendue à une branche d'arbre, elle ne la détachait pas. Elle coupait la branche, à moins qu'elle ne fût trop grosse, et, l'emportant avec l'insecte, elle plaçait le tout dans une boîte. Loin de contrarier le vœu de la nature, elle s'y conformait, comme on voit, exactement. Sa docilité était bien récompensée par les succès qu'elle obtenait ; elle se procura de cette manière de très-beaux papillons. Ainsi que Jules le faisait pour ses nids et pour ses œufs, elle collait sur son tableau, immédiatement au-dessus de chaque insecte, une étiquette qui indiquait son nom et la classe dont il faisait partie. Comme, à cet égard, elle était quelquefois embarrassée, elle se faisait aider dans ce dernier soin par sa sœur Marie qui, elle-même, prenait conseil du livre que sa mère lui avait donné.

Marie, elle, composait un herbier. Lorsqu'elle trouvait une plante qui lui paraissait jolie ou curieuse, elle l'enlevait avec sa racine, la faisait sécher entre deux feuilles de gros papier gris ; puis, lorsque l'humidité était bien absorbée, elle la plaçait dans de nouvelles feuilles de papier blanc, où elle la conservait. Elle ne ramassait ces plantes que par un temps sec, et à une heure où le soleil avait déjà pompé toute la rosée ; sans cette précaution, elles n'auraient séché que très-difficilement et peut-être elles se seraient pourries. Certaines plantes grasses, qui contiennent beaucoup d'eau, lui donnèrent d'abord de grands embarras ; elle ne pouvait parvenir à les dessécher complètement. Quelquefois, au bout d'un mois et même de six semaines, elles étaient encore humides. Après avoir employé divers moyens qui réussirent mal ou médiocrement, voici celui qui lui parut en définitive le meilleur et auquel elle s'arrêta. Elle les plaçait entre deux feuilles de papier, étalait leurs branches, leurs fleurs, et leur donnait enfin l'attitude qu'elles devaient conserver. Elle rabattait ensuite le feuillet supérieur et le couvrait d'un linge. Prenant alors un fer à repasser, convenablement chauffé, elle le faisait glisser légèrement sur le linge au-dessus de la plante. Elle répétait plusieurs fois cette opération, en ayant soin d'entr'ouvrir les feuillets de temps en temps, afin que l'humidité, réduite en vapeur par l'action du fer chaud, pût se dégager. Par ce moyen, dont l'emploi demande d'ailleurs beaucoup de délicatesse dans la main, la jeune fille arrivait à dessécher assez promptement les plantes même les plus chargées d'eau.

Elle n'observa d'abord aucune règle dans la composition de son herbier; à mesure qu'elle récoltait ses plantes, elle les desséchait, puis les plaçait les unes au-dessus des autres.

Chacune avait, par conséquent, dans le recueil, le rang que lui avait assigné le hasard de sa découverte. Il résultait de cette absence même de toute méthode un certain ordre chronologique. Les plantes se trouvaient rangées naturellement suivant les époques où elles fleurissent. C'est même ainsi que Marie apprit qu'il y avait des fleurs d'hiver, de printemps, d'été et d'automne ; que quelques-unes ne paraissent qu'au mois de mai, d'autres qu'au mois de juin, etc., et qu'on peut enfin former ainsi, avec des fleurs, un véritable calendrier.

Mais son herbier devint avec le temps si considérable qu'elle sentit le besoin d'adopter une méthode de classification plus précise et plus régulière. Elle fut amenée peu à peu à distribuer ses plantes par genres et par familles, et elle dut pour cela étudier la botanique. Mme Derville lui en donna les premières leçons ; elle y prit tant d'intérêt qu'elle s'appliqua à cette science avec un zèle extrême, et qu'en fort peu de temps elle y fit des progrès rapides.

Il en fut à peu près de même de Léon avec ses scarabées. Lui aussi avait commencé sans méthode ; tout au plus plaçait-il ses insectes par rang de taille ; mais il vit bientôt qu'il en résulterait une grande confusion. Il voulut les classer d'après un ordre plus exact ; mais il ne savait quel principe adopter. Il eut recours à son père, qui lui fit observer, parmi les petits animaux qui composaient sa collection, des ressemblances et des différences qu'il n'avait pas d'abord remarquées. Cela le conduisit peu à peu à s'occuper des divers systèmes de classification des insectes et, par une conséquence nécessaire, à étudier cette partie de l'histoire naturelle qui les prend pour objet et qu'on appelle l'Entomologie.

Telles étaient les occupations de nos jeunes amis, lorsqu'un incident imprévu vint tout à coup les interrompre.

En quittant Paris, Mme Derville y avait laissé son père, vieillard extrêmement âgé, dont la santé, naturellement délicate, causait à chaque instant de vives inquiétudes à sa famille. Mme Derville avait fait beaucoup d'efforts pour le déterminer à venir s'établir à Coarraz ; mais elle n'avait point réussi ; le vieillard avait à Paris des relations et des habitudes auxquelles il fut impossible de le faire renoncer.

— Non, dit-il à sa fille, lorsqu'elle l'engagea à venir à la campagne, je ne puis changer d'existence à mon âge ; mille liens me retiennent ici. Outre de vieux amis dont la compagnie m'est chère, j'ai besoin de faire ma promenade habituelle aux Champs-Élysées ou aux Tuileries et d'aller digérer mon dîner dans ma stalle du Théâtre-Français. Je ne connais rien à la vie de la campagne et je n'y veux rien connaître. Aucune curiosité n'est permise à la vieillesse ; je suis né à Paris et j'y mourrai.

Devant un refus aussi nettement exprimé, Mme

Derville n'osa pas insister. Elle fut donc obligée de partir en laissant le vieillard à Paris ; de tous les sacrifices qu'elle dut faire pour se résigner à aller vivre à la campagne dans la solitude, ce fut sans comparaison celui qui lui coûta le plus. Lorsqu'elle était auprès de son père, elle avait sans doute dans son grand âge et dans sa santé toujours chancelante, de graves motifs d'inquiétude. Mais elle pouvait le voir tous les jours ; elle se disait que, s'il tombait malade, elle serait là pour le soigner et, en cas de malheur, pour recevoir ses adieux et lui fermer les yeux. Ces idées lui permettaient de jouir d'une sorte de tranquillité. Mais depuis qu'elle était venue s'établir à Coarraz, elle vivait, par rapport à la santé du vieillard, dans des appréhensions continuelles. Elle en souffrait d'autant plus, qu'elle n'en communiquait rien à son mari ni à personne, ne voulant pas jeter sur la joie commune l'ombre de ses préoccupations personnelles.

Ses alarmes ne furent que trop justifiées. Un jour, M. Derville reçut une lettre dans laquelle on lui mandait que son beau-père était au plus mal et que, si on voulait le voir encore vivant, il fallait se hâter d'accourir. « Je n'ai point voulu, disait dans » sa lettre l'ami qui écrivait à M. Derville, annoncer » directement cette grave maladie à Mme Derville, » dans la crainte qu'une si fâcheuse nouvelle, arri-

» vant brusquement, ne lui causât une émotion fu-
» neste et ne la rendît peut-être malade elle-même.
» C'est à vous, mon ami, que je la communique
» d'abord, afin que vous puissiez la lui faire con-
» naître avec toutes les préparations et tous les
» ménagements qu'exigent sa sensibilité et son ex-
» trême tendresse pour son père. »

M. Derville usa, en effet, de précautions infinies
pour annoncer l'évènement à sa femme. Mais ses
détours, comme il arrive souvent en pareil cas, ne
servirent qu'à donner à Mme Derville l'idée d'un
plus grand malheur.

— Ah! mon père est mort!... s'écria-t-elle dans
le plus grand trouble, et vous ne prenez tant de
précautions que parce que vous n'osez me l'apprendre tout d'un coup.

— Non, ma chère amie, lui répondit M. Derville,
un si grand malheur ne vous a pas frappée; mais il
est vrai que votre père est dangereusement malade.

— Eh bien! montrez-moi, dit-elle, la lettre où
cette nouvelle vous est annoncée; mon ami, je vous
supplie de me montrer cette lettre.

M. Derville n'hésita pas à la lui donner; car les
suppositions qu'elle faisait étaient mille fois plus
douloureuses que la vérité.

Mme Derville lut la lettre et, lorsqu'elle vit qu'il
n'était question que d'une maladie, à la vérité,

très-grave, mais qui pourtant laissait place à l'espoir, elle devint plus calme; seulement, elle déclara à son mari qu'elle voulait partir sur-le-champ pour Paris.

— J'avais prévu votre résolution, lui dit M. Derville, et je l'approuve; mais je ne puis consentir à ce que vous fassiez seule ce voyage. Que deviendriez-vous toute seule à Paris, dans de pareilles circonstances, surtout si le malheur qui vous menace venait à se réaliser. D'un autre côté, nous ne pouvons quitter tous deux Coarraz sans emmener nos enfants; vous seriez trop tourmentée, si nous les laissions derrière nous. Le meilleur parti à prendre est donc de partir tous ensemble.

— Je n'aurais pas osé vous le demander, mon ami, dit Mme Derville; mais vous allez au-devant de mes désirs, et je vous en remercie.

Les choses étant ainsi réglées, on s'occupa des préparatifs du départ. Ils furent faits si promptement qu'on put se mettre en route dès le soir même.

Mme Derville perdit son père; mais elle eut la consolation de le revoir, avant qu'il mourût, et de recevoir ses derniers adieux.

Il ne s'agissait d'abord que de faire une très-courte absence. Dans la pensée de M. Derville, on devait revenir à Coarraz, dès que son beau-père serait hors de danger, ou, en cas de malheur, aussitôt après qu'on lui aurait rendu les derniers honneurs. Mais divers incidents, inutiles à rapporter, prolongèrent son séjour à Paris. Comme nous n'avons rien à dire de nos jeunes amis, pendant tout le temps qu'ils sont dans la grande ville, nous profitons de la circonstance pour prendre congé d'eux et nous livrer à un repos dont nous sentons depuis quelque temps le besoin. Toutefois, ce congé n'est pas définitif. Si les aventures de mes jeunes campagnards intéressent le petit public auquel je les ai destinées, je reprendrai ma plume, et, s'il plaît à Dieu, j'achèverai leur histoire.

Là-dessus, mes lecteurs vont se moquer ; il me semble que je les entends rire et s'écrier :

« Voilà un bonhomme qui radote. Il ne nous
« connaît pas, ni nous, ni nos familles ; il ignore
« jusqu'à notre nom. Comment donc pourra-t-il
« savoir si ses récits ont eu pour nous, oui ou non,
« de l'intérêt ? »

Il est pourtant certain que je le saurai, et que ce n'est pas seulement mon petit doigt qui me le dira. Si ce livre, mes petits moqueurs, vous paraît amusant, vous ne manquerez pas de le dire à vos amis et de les engager à se le procurer. Vos amis, après l'avoir lu, agiront comme vous ; ils feront l'éloge du livre et conseilleront à leurs amis de l'acheter, et ainsi de suite. Voici alors ce qui arrivera : Tous les libraires de Paris et des départements écriront à mon ami, M. Bray, éditeur de l'ouvrage. Les uns lui demanderont cinq cents exemplaires, les autres mille, et qui est-ce qui sera bien embarrassé ? Ce sera le pauvre M. Bray, dont le magasin sera tout de suite dévalisé, et qui ne pourra satisfaire aux innombrables commandes qu'on lui enverra de toutes parts. Je ris d'avance de son embarras, quand j'y songe. Il accourra chez moi pour me conter sa peine et en même temps pour me supplier de lui donner la continuation du livre. Je le connais ; il est tenace et pressant. J'aurai beau me défendre, il faudra, bon gré mal gré, que je m'exécute et que je me remette à l'ouvrage.

Vous le voyez, après avoir lu ce premier volume, il ne tiendra qu'à vous d'avoir le second ; et sur ce, mes petits amis, je vous dis au revoir et vous accorde, sauf la ratification de vos parents, un jour de congé.

FIN

TABLE DES MATIÈRES

I.

II.

III.

FIN DE LA TABLE

CAMBRAI. — IMPRIMERIE DE RÉGNIER-FAREZ.

Les Tuteurs d'Odette, ou la Famille et le Monde, par M. Etienne MARCEL. 1 vol. in-12 . . . . fr.   2 50

Madame Bourdon, l'auteur de la *Vie réelle*, a dit de ce livre : « On y retrouve tout le talent aimable et énergique à la fois d'Etienne Marcel..... Ses livres captivent et l'impression qu'ils laissent est salutaire. »

Les trois Vœux, par le même. 1 vol. in-12 . . . . fr.   2 »»

Un Monsieur, ou la Campagne et la Ville, par le même. 1 vol. in-12 . . . . fr.   2 »»

Un noble cœur, par le même. 1 beau vol. in-12. . . fr.   2 »»

Les scènes retracées dans ce livre, tour à tour terribles et émouvantes, offrent un vif et touchant intérêt.

Beauvallon, ou les devoirs de famille, par M. l'abbé DEBENEY, 3e édit. 1 vol. in-12 . . . . fr.   1 60

« Mgr l'évêque de Belley a approuvé ce livre en ces termes : « Nous recommandons *Beauvallon* comme l'un des meilleurs livres de lecture pour le fond et pour la forme que l'on puisse mettre entre les mains des jeunes gens et des familles chrétiennes... »

Un philosophe (1789-1794), par M. Marin DE LIVONNIÈRE, auteur de *Petits et Grands*. 1 beau vol. in-12. . . . . . . fr.   2 50

Un critique distingué place ce livre, pour la portée morale et le talent, bien au-dessus de *Petits et Grands*, qui ont mérité à l'auteur les éloges de M. de Falloux.

OUVRAGES DE M. HIPPOLYTE VIOLEAU.

Les Surprises de la Vie, 1 vol. in-12 . . . . . . fr.   2 »»

Récits du foyer. 2 vol. in-12. 4 fr.—Un homme de bien, étude biographique et morale. 1 vol in-12. 2 fr. — Souvenirs et Nouvelles. 2 vol. in-12. 4 fr. — Nouvelles Veillées bretonnes, 2e édit. 1 vol. in-12. 2 fr. — Veillées bretonnes, 3e édit. 1 vol. in-12. 2 fr. — Pèlerinages de Bretagne, 3e édition. 1 vol. in-12. 2 fr. — La Maison du Cap. 3e édition, 1 vol. in-12. 2 fr. — Amice du Guermeur, 3e édit. 1 vol. in-12. 2 fr. 50 c. — Légendes et Paraboles. 1 fort vol. in-12. 3 fr. — Livre des Mères et de la Jeunesse. 3e édit. 1 vol. in-12. 2 fr. — Soirées de l'ouvrier. 5e édit. 1 vol. in-18. 1 fr.

OUVRAGES DE M. LE COMTE ANATOLE DE SÉGUR.

Sainte Cécile, poème tragique, 3e éd. 1 v. in-18 raisin. fr.   2 »»

Les Martyrs de Castelfidardo. 6e édit. revue et augmentée. 1 beau volume in-18 anglais . . . . fr.   2 25

— Le même ouvrage. 1 vol. in-18 raisin . . . . . fr.   1 25

Ces pages, qui rappellent les *Actes* des premiers martyrs, offrent un vif et douloureux intérêt à tout lecteur catholique et français.

Témoignages et Souvenirs, 3e édit. 1 vol. in-18 angl. fr.   2 50

Un épisode de la terreur.— Barthélemy B. de La Roche, 2e édition 1 vol. in-18. . . . . fr.   » 50

OUVRAGES DE M. DAURIGNAC.

Vie de Maximilien d'Este, archiduc d'Autriche, grand-maître de l'ordre Teutonique, d'après le P. Stœger, par M. DAURIGNAC, 1 vol. in-8 avec portrait, 6 fr., ou 1 vol. in-12 . . . . fr.   3 50

Il y avait en ce prince du Vincent de Paul, pour son inépuisable charité, et du Vauban pour son génie dans l'art des fortifications.

Vie du R. P. Clément Cathary de la Compagnie de Jésus, missionnaire de Madagascar, mort en odeur de sainteté, le 23 mai 1863. 1 fort vol. in-18 angl. . . . . , ... fr.   3 50

Pensées du R. P. C. Cathary, S. J. précédées du récit de quelques faits inédits et de grâces extraordinaires obtenues par son intercession, par M. DAURIGNAC, 1 vol. in-12 3 fr. orné d'un portrait. . . . . fr.   3 50

Les personnes qui ont lu la Vie du P. Cathary et les admirables lettres qu'elle renferme, accueilleront avec faveur ces écrits où se retrouvent son âme et son cœur illuminés, emflammés de l'amour divin.

Histoire de saint François de Borgia, 1 vol. in-12 . fr.   3 50

Histoire de saint François Régis, 1 vol. in-12 . . . fr.   3 50

Histoire de saint François d'Assise, 1 vol. in-12 . . fr.   3 »»

Blanche de Castille, mère de saint Louis. 1 vol. in-12. fr.   3 »»

Histoire de saint Ignace de Loyola. 2e éd. 2 vol. in-12, avec portrait et *fac-simile*. 6 fr. — Abrégé 1 vol. in-12 . fr.   2 »»

Histoire de saint François-Xavier. 2e édit. 2 vol. in-18 avec portrait et *fac-simile*. 6 fr. — Abrégé, 1 vol. in-12 . . fr.   2 »»

Sainte Jeanne de Chantal, modèle de la jeune fille et de la jeune femme. 3e édition. 1 beau volume in-12. . . . . fr.   3 »»

Ces Vies très-complètes offrent une lecture aussi attrayante que solide. C'est le jugement qu'en portent NN. SS. les Évêques d'Arras et de Beauvais, dans leurs approbations.

———————

Florence Raymond, par Mlle J. GOURAUD, nouvelle édition. 1 beau vol. in-18 anglais. . . . . fr.   2 »»

Des tableaux pleins de fraîcheur, des scènes touchantes, des détails qui attestent une imagination riche et riante, prêtent à ce livre un intérêt plein de charme.

Cœurs dévoués (les), par M. Alfred DES ESSARTS. 2e édition, revue et augmentée. 1 beau vol. in-18 anglais . . . . . fr.   2 »»

Tout est intéressant dans ces simples narrations, qui font plus d'une fois venir les larmes aux yeux, car ce livre fait vibrer les cordes sensibles du cœur, et s'adresse aux plus généreux sentiments de la nature humaine....   *(Bibliog. Catholique.)*

La richesse des Pauvres, par le même. 1 beau volume in-18 anglais . . . . fr.   2 »»

Un dévouement que rien ne rebute enfante ici des merveilles dont le récit fortifie et console.

Guerre et Paix, scènes en Norwége, par Mlle BREMER, traduit par M. A. Villeneuve. 3e édition, 1 vol. in-12 . . . . . fr.   1 50

Cet ouvrage est une des productions les plus originales et en même temps des plus attachantes de mademoiselle Bremer.

OUVRAGES DE M. B. BOUNIOL.

Les Marins français, suite et complément de la *France héroïque,*
2 vol. in-12. . . . . fr.   6 »»

Ces *Vies,* peu connues pour la plupart, offrent un intérêt aussi grand, plus piquant peut-être que celles contenues dans la *France héroïque.*

La France héroïque. Vies et Récits dramatiques d'après les
documents contemporains. 3e édition, consid. augm. 4 volumes
in-12. fr. 10 »»

L'auteur offre ici les plus belles pages de notre histoire recueillies dans les mémoires et les auteurs originaux ; peu de livres présentent un aussi vif intérêt.

Les Combats de la vie :

1re Série. — *Cœur de bronze.* 2e édit. 1 vol. in-12.   . fr.   2 »»

2e Série. — *La famille du vieux célibataire.* 1 vol in-12. fr.   2 »»

3e Série. — *Les épreuves d'une mère.* 1 vol. in-12.   . fr.   2 »»

4e Série. — *Les deux héritages.* 1 vol. in 12. . . . . fr.   2 »»

Les Combats de la Vie offrent des récits dramatiques, émouvants, d'où ressortent les leçons les plus salutaires, les plus propres à inspirer le courage et la résignation.

A l'ombre du Drapeau, épisodes de la vie militaire, 3e édit. 1 vol.
in-12 . . . . fr.   2 »»

Le soldat, chants et récits, 1 vol. in-18. . . . . . . fr.   » 60

Sentiment de Napoléon Ier sur le Christianisme, d'après les
témoignages recueillis par M. DE BEAUTERNE. Nouvelle édition re-
fondue, augmentée de documents nouveaux et d'un appendice sur les
Héros chrétiens de l'Empire, par M. BOUNIOL. 1 v. in-18. Net fr.   » 60

— Le même ouvrage, 1 beau vol. in-12. . . . . . . fr.   1 50

Ce livre, qui renferme une démonstration si originale de la vérité du catholicisme, est plus que jamais de nature à piquer l'attention des hommes sérieux.

OUVRAGES DE M. EUGÈNE DE MARGERIE.

Etudes littéraires. 1 fort vol. in-18 angl. . . . . . fr.   3 »»

La religion, l'histoire, l'hagiographie, la poésie, le roman, sont tour à tour l'objet d'étude qui témoignent d'un goût aussi sûr qu'éclairé.

Les six chevaux du corbillard, souvenirs d'un clerc d'avoué. 1 vol.
in-18 angl . . . . fr.   2 50

Contes d'un promeneur. 1 vol. in-18 anglais. . . fr.   2 50

Scènes de la vie chrétienne. 2 vol. in-12 . . . . . fr.   5 »»

Le Troupier Louis Latour, par P. BION, ancien soldat d'Afrique.
1 volume in-18. . . . . fr.   1 »»

Connaissant par expérience les habitudes, les mœurs des camps, de la caserne, l'auteur a su les retracer dans un cadre animé, dans un style plein de vie et d'entrain et en faire res-sortir des leçons pratiques.

Théâtre moral de la jeunesse, par M. Pierre LÉVÊQUE, 3e édit.
revue et augm. 2 vol. in-18 anglais, sur papier collé . fr.   4 »»

Le *Théâtre moral* contient dix pièces plus ou moins longues (tragédies, comédies, drames) elles ont été représentées avec succès dans un grand nombre de familles et de maisons d'éducation. Les sujets traités avec esprit et verve offrent une lecture piquante.

CAMBRAI. — IMPRIMERIE DE RÉGNIER-FAREZ.

Les Antonins, faisant suite aux Césars, par M. de CHAMPAGNY, 3 vol. in-8. . . . . fr. 18 »»

LE MÊME OUVRAGE. 3 forts vol. in-18 anglais. . . fr. 10 50

Histoire de saint Léon le Grand et de son siècle ; par M. A. DE SAINT-CHÉRON. 2 vol. in-8. . . . . fr. 10 »»

Histoire de la papauté pendant le XIVe siècle, avec pièces justificatives; par l'abbé J. B. CHRISTOPHE. 3 v. in-8 . fr. 18 »»

Histoire de la Papauté, pendant le XVe siècle, par le même. 2 forts vol. in-8. . . . . fr. 14 »»

La *Bibliographie Catholique* a fait le plus grand éloge de ces deux ouvrages de M. l'abbé Christophe.

Histoire de la Papauté pendant les seizième et dix-septième siècles, par LÉOPOLD RANKE, traduite de l'allemand par J.-B. HAIBER, publiée, augmentée d'une introduction et de nombreuses notes historiques et critiques, continuée jusqu'à nos jours par A. DE SAINT-CHÉRON. 2e édition, 3 forts vol. in-8. . . fr. 18 »»

Le texte de M. Ranke et le travail de M. de Saint-Chéron ont été soumis à l'examen de Mgr Darboy.

Les Pères apostoliques et leur époque par M. l'abbé FREPPEL, 1 fort vol. in-8, sur papier glacé . . . . fr. 6 »»

Les Apologistes chrétiens au deuxième siècle, par M. l'abbé FREPPEL, 2 beaux vol. in-8. . . . . fr. 12 »»

Saint Irénée par le même, 1 fort vol. in-8 . . . . fr. 6 »»

Tertullien, par le même, 2 volumes in-8. . , . . . fr. 12 »»

Saint Cyprien, par le même, 1 vol. in-8.. . . . . . fr. 6 »»

Clément d'Alexandrie, par le même, 1 vol. in-8. . . fr. 6 »»

Origène, 2 vol. in-8 . . . . fr. 12 »»

Vie de Notre-Seigneur Jésus-Christ, par M. l'abbé PAUVERT, chanoine honoraire de Poitiers. 2 beaux vol. in-8 . fr. 9 »»
Ou 2 vol. in-12. . . . . fr. 6 »»

Ce livre, a dit Mgr l'évêque de Poitiers, se distingue autant par « l'éminence et la sûreté de la doctrine que par l'éclat du mérite « littéraire, la variété de l'érudition et l'heureux à propos des dé- « monstrations scientifiques... »

Saint Thomas Becket, archevêque de Cantorbéry et martyr; *sa Vie et ses Lettres,* précédées d'une introduction sur la lutte entre les deux pouvoirs, par Mgr DARBOY, Arch. de Paris. 2 v. in-8. fr. 12 »»

LE MÊME OUVRAGE. 2 vol. in-18 anglais. . . . . . fr. 7 »»

« L'*Introduction* (elle contient deux cent cinquante pages) vaut tout un livre. La science, la raison, l'éloquence même, s'y sont donné rendez-vous pour en faire un vrai chef-d'œuvre. » (Extrait de la *Bibliogr. cathol.*)

Rome Chrétienne, ou Tableau historique des Souvenirs et des Monuments de Rome, par M. E. DE LA GOURNERIE, 4e édition revue et augmentée. 3 vol. in-18 anglais . . . . . . fr.   9 »»

Le même ouvrage, 3 vol. in-8 . . . . . . , . fr.   15 »»

Mgr l'évêque de Nantes, dans son approbation de *Rome chrétienne,* s'exprime ainsi : « Nous y avons trouvé, avec une doctrine toujours saine, une érudition sagement contenue, une appréciation exacte des faits, des personnes et des choses, un style pur et simple, qui rappelle les beaux temps de notre littérature française...»

Massillon, étude historique et littéraire, par M. l'abbé A. BAYLE, docteur en théologie, auteur des *Vies de saint Philippe de Néri, de saint Vincent Ferrier,* etc. 1 vol. in-8. . . fr.   6 »»

L'auteur de cette étude offre ici la vie religieuse, la vie oratoire, la vie épiscopale de Massillon   « Ce livre, a dit M. l'abbé Maynard, est l'œuvre d'un littérateur doublé d'un théologien. »

Histoire d'Urbain V et de son siècle, d'après les manuscrits du Vatican, par M. l'abbé MAGNAN, doct. en théologie et en droit ecclésiastique. 1 fort vol. in-8. 6 fr., ou 1 vol in-12   fr.   3 50

La *Revue Catholique de Louvain* a dit de cette histoire : « Nous n'avons que des éloges à donner à ce travail savant et consciencieux.»

Rome, lettres d'un pèlerin, par M. EDMOND LAFOND. 2e édition, revue et augm. 2 vol. in-8. 12 fr., ou 2 vol. in-12   fr.   7 »»

Histoire de saint Pie V, pape, par M. le comte DE FALLOUX, auteur de *Louis XVI.* 3e édit. 2 vol. grand in-18 anglais.   fr.   7 »»

Mémoires du cardinal Pacca, sur le pontificat de Pie VII, traduits par M. QUEYRAS, nouvelle édition, 2 vol. in-18 avec portraits . . . . fr.   6 »»

Etudes sur la Réforme, par M. AUDIN.

   HISTOIRE DE LUTHER. 3 vol. in-8, avec planches . fr.   20 »»
     ou 3 volumes in-12. . . . . fr.   10 50
   HISTOIRE DE CALVIN. 2 vol. in-8. avec portr. . . fr.   12 »»
     ou 2 volumes in-12.. . . . . fr.   7 »»
   HISTOIRE DE LÉON X. 2 vol. in-8. avec portr . fr.   12 »»
     ou 2 volumes in-12 . . . . fr.   7 »»
   HISTOIRE DE HENRI VIII 2 volumes in-12 . . . fr.   7 »»
   Chacune de ces histoires abrégée, 1 fort vol. in-12. fr.   2 50

Histoire de Thomas More, grand chancelier d'Angleterre, par STAPLETON, traduite par ALEX. MARTIN, avec une introduction et des commentaires, par M AUDIN — 1 fort v. in-8. fr.   6 »»

Réforme contre la réforme (La), ou Apologie du catholicisme par les protestants, traduit de l'allemand de HŒNINGHAUS, par MM. S. et W., précédée d'une introduction de M. AUDIN. — 2 forts vol. in-8. 12 fr., ou 2 vol. in-12 . . . . fr.   7 »»

Vie de Maximilien d'Este, archiduc d'Autriche, grand-maître de l'ordre Teutonique, d'après le R. P. STŒGER, S. J., par M. DAURIGNAC 1 beau v. in-8 avec portrait 6 fr , ou 1 v. in-12   fr.   3 50
L'archiduc Maximilien, neveu de Marie-Antoinette, oncle de madame la comtesse de Chambord, a offert pendant sa longue et belle vie, le modèle de toutes les vertus. « Il fut, dit le prince Galitzin, grand même dans les petites choses, pauvre au sein des richesses, humble dans les grandeurs. » Il rappelait saint Vincent de Paul par son inépuisable charité, et Vauban par son génie dans l'art des fortifications.

Saint Vincent de Paul, sa Vie, son Temps, ses Œuvres, son Influence, par M. l'abbé U. MAYNARD, chanoine honoraire de Poitiers. 4 forts vol. in-8, sur papier glacé, ornés de portraits.   fr.   24 »»
« ... Votre œuvre est conçue largement et exécutée avec cette distinction et cette verve que vous faites paraître dans tous vos écrits; de plus, vos recherches si consciencieuses la rendent solide et complète, elle vivra...» *(Lettre de Mgr Darboy.)*

Vie de saint Vincent de Paul, (extraite de l'histoire complète en 4 vol. in-8,) par M. l'abbé MAYNARD, 1 vol in-18 angl. fr.   3 »»

LE MÊME OUVRAGE, 1 vol in-8 avec portrait. . . . fr.   5 »»

Vie de saint Philippe de Néri, suivie d'un Appendice sur les *Oratoires* de France et d'Angleterre et des Maximes du Saint pour chaque jour de l'année, par M. l'abbé BAYLE, auteur de la *Vie de saint Vincent Ferrier,* etc. 1 fort vol. in-8. . . fr.   6 »»

LE MÊME OUVRAGE sans l'APPENDICE. 1 vol. in-18 angl. fr.   3 »»

Histoire de saint Jean Chrysostôme sa vie, ses écrits; par M. l'abbé J. B. BERGIER. 1 fort vol. in-8. 5 fr , ou 1 vol. in-12. fr.   3 »»

Origines de la Société Moderne (Les), ou Histoire des quatre premiers siècles du moyen âge, par M. POINSIGNON, docteur ès-lettres. 2 forts v. in-8. fr. . . . . 12 »»
S. E. le cardinal Gousset faisait la plus grande estime de ce travail.

Histoire de Jeanne d'Arc, d'après les chroniques contemporaines par M. l'abbé BARTHELEMY, 2 volumes in-8 . . . fr.   8 »»
Cette histoire de Jeanne d'Arc est une des plus complètes et des plus propres à faire ressortir son rôle providentiel.

Guerres de la Bretagne et de la Vendée, par M. EUGÈNE VEUILLOT, 3e édition. 1 fort vol. in-18 anglais. . . . . . fr.   3 50

La France héroïque, vies et récits dramatiques d'après les documents originaux, par M. BOUNIOL, 3e édition, 4 vol. in-12. fr.   10 »»
« C'est l'histoire de France la plus variée, la plus agréable et la plus religieuse que je connaisse, a dit M. l'abbé Besson, l'auteur de *l'Homme-Dieu.*

Les Marius français, suite et complément de la *France héroïque,* par le même, 2 volumes in-12. . . . . fr.   6 »»